뉴스로 키우는 기후환경지능

뉴스로 키우는 기후환경지능

그린펜(GreenPen) 지음

기후변화와 환경 기사를 쓰는
기자들의 모임

우리가 알아야 할 진짜 이야기

"언제부터, 왜 기후 문제에 관심을 가졌나요?" 2022년에 '아기 기후 소송'에 참여한 뒤로 이 질문을 자주 받았습니다. 그때마다 대답을 고민했습니다. 기후변화는 제 삶에 늘 존재했던 현실이고, 날마다 참기 힘든 더위와 폭우 같은 극단적 날씨를 경험하니까요.

뉴스와 댓글을 보면서 기후 소송을 비난하거나 기후변화를 부정하는 사람들이 있다는 걸 알았습니다. 세상에는 사람들이 아주 중요하게 여기지만, 사실은 덜 중요한 이야기가 많습니다. 그런 이야기가 우리가 알아야 할 진짜 이야기를 가리는 게 안타깝습니다.

이 책은 진짜 이야기, 우리가 알아야 할 기후 문제의 진실을 알려 줍니다. 빙하가 빨리 녹는 게 유튜브 보기와 관계가 있다는 건 처음 알았습니다. 이렇게 그동안 몰랐던 이야기를 들려주는 게 이 책의 특별한 점입니다. 기후 환경 전문 기자님들이 쓴 글이라 더 특별합니다.

'나는 무얼 해야 할까?' 이 책을 읽고 나서 또 고민했습니다. 기후변화가 단순히 자연현상이 아니라 우리 미래와 깊이 연결된 문제라는 걸 더 분명히 알았으니까요. 저는 진실을 바로 알고 그걸 알리는 일부터 해 보려고 합니다. 이 책으로요.

-한제아, '아기 기후 소송' 헌법 소원 청구인, 흑석초등학교 6학년

기후변화에 대해 폭넓고 체계적인 시각을 제공하는 책

2024년은 관측 이래 가장 더운 해로 기록되었으며, 산업화 이전과 비교했을 때 연평균 기온이 처음으로 1.5℃ 이상 상승했습니다. 이는 비록 일시적 현상이라고 해도 1.5℃ 지구온난화를 넘어서는 시점이 머지않았음을 시사합니다. 기후 위기는 더 이상 '미래 세대'의 문제가 아니라, 우리 모두가 직면하고 있는 시급한 과제입니다. 그럼에도 불구하고 우리는 현재 겪고 있으며 앞으로 마주하게 될 막대한 위협에 충분히 대비하지 못하고 있습니다.

이처럼 대응의 중요성이 어느 때보다 강조되는 시기에 《뉴스로 키우는 기후 환경 지능》의 출간은 매우 반갑습니다. 이 책은 기후 위기의 전반적인 현황부터 배출량 감축, 기후 위험 적응을 위한 현장의 다양한 노력까지 생생하게 담아냈습니다. 또한 그린워싱, 신기후기술, 기후 정의와 정의로운 전환, 그리고 시민 실천에 이르기까지 폭넓은 이슈들을 알기 쉽게 풀어냄으로써 독자들에게 체계적인 시각을 제공합니다.

이 책이 우리 사회가 기후변화 대응을 최우선 과제로 삼는 데 크게 기여하리라 기대합니다. 기후 위기는 곧 우리의 문제이며, 그 해결을 위한 행동 또한 지금 우리 손에 달려 있음을 다시금 되새기게 합니다.

-이준이, 부산대학교 기후과학연구소 교수

기후 환경 뉴스 읽기의 즐거움

꽃이 피는 봄은 너무나 짧게 지나가 버립니다. 봄이 왔나 싶으면 금세 푹푹 찌는 여름이 시작되지요. 햇볕이 쨍쨍 내리쬐는 여름도 아름답지만, 힘이 점점 강해지고 있어 걱정입니다. 가을의 상징인 은행잎은 미처 노랗게 물들기도 전에 여름 초록빛 그대로 보도블록 위로 나뒹굽니다. 할머니가 들려주신 시골집 뒷산 하얀 겨울 풍경은 빛바랜 가족 앨범에만 남아 있습니다. 달력은 분명 한겨울을 가리키는데 흰 눈을 보기 어렵습니다. 날씨가 바뀌고, 기후가 달라지고, 사람들이 살아가는 모습도 과거와 현재가 다릅니다.

취재 현장에서 환경문제를 고민하는 청소년들을 만날 기회가 종종 있었습니다. 청소년들은 점점 안 좋은 방향으로 흘러가는 환경과 기후변화 문제를 온 마음으로 걱정하고 있었습니다. 진심으로 지구가 아프지 않았으면 좋겠다고 말하는 청소년들을 보면서 더 앞서 지구를 오염시킨 사람으로서 미안하기도 합니다. 그래도 우리 스스로 할 수 있는 방법을 찾고 또 정부와 기업을 향해 새로운 제도와 정책을 만들라고 요구하는 청소년들을 보면, 미래가 회색빛만은 아닐 거 같습니다.

이 책을 쓴 10명의 필자는 기후변화와 환경, 그리고 에너지 문제를 취재한 전현직 기자들입니다. 정책을 입안하는 행정 관료, 국회의원, 학계 전문가, 시민 단체, 기업 관계자, 일반 시민 등 다양한 사람들을 만나 질문하고 이야기를 들으며 기후와 환경 이야기를 기사로 전하는 사람들입니다. 기사로 다 쓰지 못한 이야기, 마음에 담아 두었던 이야기를 더 친절하게 전하고 싶었습니다. 기후변화로 인해 미래 한국 사회와 세계가 어떤 갈림길에 서게 될지, 그 역사를 기록하고 있는 기자들도 청소년들을 위해 할 수 있는 일을 하고 싶었습니다. 이것이 지구의 내일을 걱정하고, 기후변화 문제를 조금 더 쉽게 이해하고 싶은 청소년들을 위한 책을 기획하게 된 배경입니다.

2023년 봄부터 가을까지, 일을 마치면 서울 도심의 한 카페에 모여서 청소년들을 위해 어떤 기후 환경 뉴스를 해설하는 게 좋을지 여러 차례 토론했습니다. 서로의 취재 영역에서 관심 있게 지켜본 기사, 중요한 분기점으로 꼽을 만한 기사, 흥미로운 이야기가 담긴 기사를 찾아서 모은 뒤 이를 쉽게 풀이하려 노력했습니다. 지구인들이 실제로 겪고 있는 다양한 현장의 이야기를 다룬 기사를 짧게 요약하고, 이 뉴스가 설명하고자 하는 맥락을 짚으려 했습니다. 쏟아지는 뉴스 속에서 현장 기자들이 엄선한 뉴스를 읽고 나면 현재 진행형인 오늘의 기후변화 이슈를 이해하는 데 큰 도움이 될 것으로 생각했기 때문입니다. 작은 기사 하나도 바로 오늘의 역사를 쓰는 기록물이지요. 국내외 신문과 방송 기사를 읽으면 오늘의 역사를 이해하는 즐거움과 보람이 있을 겁니다.

책을 쓰면서 필자들이 가장 노력한 지점은 '우리 문제'로 받아들일 수 있는 이야기를 가급적 쉽고 재밌게 풀어내는 것이었습니다. 또 기후변화와 환경문제가 모든 지구인이 고민하는 과제이며, 오랜 시간이 걸리고, 해결 방법을 찾기가 쉽지 않은 문제라는 것을 전하고 싶었습니다.

우선 기후변화가 사람들의 삶을 어떻게 바꿀 것인지를 생각해 보았습니다. 폭우와 한파, 가뭄과 폭염 등 여러 재난이 동시다발적으로 일어나는 시대입니다. 산림 생태계가 어떻게 변하고 있는지 한라산 사례를 통해 살펴보십시오. 생태계를 지키는 습지가 왜 사라지고 있는지, 이렇게 더운 여름이면 전력 소비가 늘어 정전이 발생할 수도 있다는 우려 섞인 목소리도 들려 드리겠습니다.

우리가 생활하면서 버리는 쓰레기와 관련한 이야기들도 모아 보았습니다. 과거에는 바다에 그냥 쓰레기를 버릴 만큼 환경 인식이 낮았습니다. 화려한 패션쇼를 한 번 열고 나면 얼마나 많은 탄소가 배출되는지 상상해 보셨나요? 분리수거를 꼼꼼히 하고 플라스틱을 재활용하거나 재사용하려고 노력하고 계실 텐데, 자원을 더 많이 절약하려면 어떻게 해야 하는지도 고민해 보았습니다.

금이나 광물 같은 자원에만 값이 붙는 게 아니라 온난화를 일으키는 탄소에도 값이 붙는 시대입니다. 탄소를 줄이기 위해 산업계와 세계 각국이 어떤 노력을 하고 있는지 소개합니다. 또 이러한 노력에 부족함이 없는지도 짚어 보았습니다.

기후변화에 대응하기 위해서는 정부와 기업이 나서서 기존 제도와 정책을 바꾸어야 합니다. 정부와 기업을 변화시키기 위해 전 세계 시민이 다양한 활동을 활발히 벌이고 있습니다. 기후변화를 일으킨 가해자를 찾아내기 위해 호소하는 미래 세대와 환경 단체의 목소리가 담긴 여러 기사도 소개했습니다.

흥미로운 뉴스, 새로운 변화를 담은 뉴스를 하나씩 하나씩 고르면서 필자들의 마음에 한 가지 바람이 생겼습니다. 이 책을 읽는 청소년 독자들에게 '환경 마음'이라는 작은 잎이 피어났으면 하는 바람입니다.

환경문제는 수학 문제 풀 듯이 명확한 답을 찾기가 어렵습니다. 많은 사람의 삶이 연결돼 있기 때문입니다. 반대하는 목소리도 수용해서 민주적인 방법으로 답을 찾아 가야 합니다. 그래서 기후변화나 환경 관련 지식을 전하는 것 너머의 이야기를 숨겨 두었습니다. 복잡한 문제가 닥쳤을 때 지치지 않을 힘을 미리 키울 수 있도록, 여유로운 마음으로 책을 읽으며 스스로 답을 찾아 가셨으면 좋겠습니다.

기후 위기와 환경문제가 심각해지지 않기 위해, 사회와 끊임없이 소통하고 설득하는 미래 환경 시민이 더 많아지길 기대합니다. 이 책을 읽으며 가졌던 다양한 질문과 생각들을 잊지 않는다면 그런 미래가 가능하지 않을까요.

여러 필자가 함께 책을 기획, 편집하는 일이 참 힘든 과정입니다. 힘들었지만 의미 있는 작업이었다고 생각합니다. 이 여정을 함께해 주신 판퍼블리싱 출판사에도 감사 인사를 드립니다.

GreenPen을 대표하여 **최우리**

차례

추천사

들어가며 기후 환경 뉴스 읽기의 즐거움

01 기후변화가 일으킨 변화

news 01 지금은 기후 복합 재난의 시대……14

news 02 얼음 기둥이 알려 주는 지구 기후의 과거와 현재……20

news 03 기후변화로 감소하는 생물다양성……26

news 04 탄소 저장 어벤져스, 습지가 사라진다……32

news 05 폭염으로 인터넷을 못 쓸 수도 있다고요?……38

02 달라지는 우리 생활

news 06 일회용 비닐봉지 금지, 우리나라는?……44

news 07 탄소 배출을 줄이려는 항공사의 노력……50

news 08 기후변화로 확대되는 모기 매개 감염병……55

news 09 흰개미가 문화재를 위협한다……61

news 10 온실가스 배출량을 줄이는 슬기로운 인터넷 사용법……66

03 쓰레기

news 11 쓰레기 청소 나선 세계 시민들……74

news 12 플라스틱 쓰레기로 신음하는 바다……80

news 13 패션쇼에 숨겨진 탄소 발자국……87

news 14 쓰레기가 돈인 시대……94

news 15 순환 경제에 대한 오해……100

04 탄소 + 기술

news 16   상품 가격에 숨어 있는 탄소의 비밀……108

news 17   산림 배출권이 정말 숲을 보호할까요?……114

news 18   과거가 미래를 구할 수 있을까요? 탄소를 줄이는 돛단배와 연……121

news 19   탄소를 포집한 나무를 땅에 묻는 스타트업……127

news 20   재생에너지 기술의 현재와 미래……133

05 산업의 변화

news 21   스코프3 기후 공시에서는 베트남 기업이 배출된 탄소도 우리 탓?……142

news 22   탄소 중립에도 정의로움이 필요하다……148

news 23   온실가스 배출 1위 철강사들의 저탄소 전환 노력……154

news 24   석유를 넘어서는 태양광발전……160

news 25   소비자는 부담스럽고, 생산자는 적자를 보는 전기 요금……166

news 26   AI 기술 사용이 늘어나면 에너지가 부족해지지 않을까요?……172

06 시민 행동-실천과 정치

news 27   주민들이 빗물 관리에 나선 이유……180

news 28   펜실베이니아주의 시골 마을, 환경오염에 맞서 지역 헌장을 만들다……186

news 29   미국 뉴저지주가 청소년들에게 기후변화 교육을 하는 이유……192

news 30   지구 보험금은 누가 내야 할까요?……199

news 31   세계 곳곳 법원의 기후 소송 판결……205

news 32   기후 시위 어떻게 볼 것인가?……211

기후변화가
일으킨 변화

지금은 기후 복합 재난의 시대

극단적인 날씨, 미국 곳곳에서 동시다발적으로 발생

오늘 애리조나, 텍사스, 플로리다 등의 기온이 섭씨 43도를
넘어섰습니다. 중서부 지역에는 심각한 가뭄이 이어지고 있으며,
뉴욕이나 버몬트 등 동부 지역에는 폭우가 쏟아졌습니다. 이에 따른
홍수로 집과 자동차, 다리가 쓸려 내려갔습니다. 중서부와 북동부
도시는 산불 연기에 뒤덮여 대기의 질이 사상 최악을 기록 중입니다.
지금 미국은 기후 복합 재난의 시대를 맞이했습니다.

국토가 좁은 우리나라는 장마철에는 어디를 가나 비가 내립
니다. 하지만 지역에 따라서 날씨가 다른 날도 드물지 않죠. 하
물며 미국처럼 땅이 넓은 나라는 어떻겠어요? 지역마다 날씨
가 다른 게 자연스럽습니다. 기사에 나온 것처럼 말이지요. 문
제는 날씨가 '극단적'이라는 겁니다. 동부 지역에 내린 폭우는
다른 해 같으면 한 달 동안 내릴 비가 하루에 내렸습니다. 미국
인들이 날씨가 이상하다고 느끼는 게 당연하지요.

미국인들만 이렇게 생각하는 건 아니에요. 2023년, 날씨 좋기로 유명한 캐나다에는 52년 만에 가장 많은 비가 내렸습니다. 동부 노바스코샤주에 하루 동안 250㎜가 내렸는데 3개월 동안 내릴 비가 하루 만에 쏟아진 거죠.

2023년 7월, 그리스 동남부 휴양지 로도스섬에 산불이 났습니다. 이 때문에 주민과 관광객 등 3만 명이 급히 대피해야 했습니다. 관광객 수천 명이 40도가 넘는 더위 속에서 여행 가방을 끌며 해변으로 피난하는 사진이 보도되었죠.

아시아는 어땠을까요? 파키스탄은 2023년 여름 기온이 48도를 넘었고, 홍수로 국토의 3분의 1 이상이 잠겼습니다. 파키스탄과 가까운 인도도 폭우와 산사태로 수십 명의 사상자가 발생했지요.

2023년, 뜨거운 여름을 보낸 유럽에서는 11월에 폭풍이 여러 나라를 강타했습니다. 태풍 강도로 따지면 강 수준인 폭풍 시아란이 서유럽부터 북유럽까지 큰 피해를 주며 지나갔죠. 대서양에 접한 프랑스 브르타뉴와 노르망디 지역에는 시속 140~190㎞에 이르는 강풍이 불었습니다. 풍속이 시속 100㎞만 넘어도 지붕이 날아가고, 달리는 열차가 탈선할 수 있습니다. 프랑스에서는 이 폭풍으로 120만 가구에 전기 공급이 끊

졌고, 강풍에 쓰러진 나무가 차량을 덮쳐 운전자가 사망하는 일도 있었습니다. 유럽 전역에서 21명이 목숨을 잃었죠.

또 북극 한기가 아메리카, 유럽, 아시아의 중위도 지역까지 내려오는 현상도 겨울마다 일어납니다. 이런 이상 한파로 미국에서는 발전소가 얼어붙는 바람에 전기가 끊어져 주민들이 추위에 떨어야 했습니다. 우리나라도 겨울마다 영하 20도에 가까운 강추위가 찾아오곤 하죠. 지구온난화라는 말이 무색할 지경입니다.

2023년은 엘니뇨°가 발생한 해입니다. 엘니뇨가 발생하면 특정 지역의 기온이 오르거나 강수량이 늘어나는 변화가 생깁니다. 하지만 이것으로 전 세계에서 동시에 발생한 이상기후를 설명할 수는 없습니다. 기후변화를 떼어 놓고는 생각할 수 없는 현상이지요. 물론, 유럽을 덮친 폭풍 시아란이나 미국의 기후 복합 재난이 발생하는 데 기후변화가 미친 영향을 명확하게 규명하기는 어렵습니다. 기상 현상은 대기 흐름, 수온, 태양 활동 등 수많은 요소가 상호작용을 하는 복잡한 시스템이

엘니뇨
남아메리카 서해안 등 동태평양 수온이 평년보다 높아지는 현상이다. 엘니뇨가 발생하면 따뜻한 겨울이 오고, 비가 적게 내리던 지역에 비가 많이 내리는 등 기후에 변화가 생긴다.

산불은 막대한 인원과 장비가 동원되는 자연재해이다. © Andrea Booher

기 때문입니다.

하지만 기후변화로 바다 온도가 상승할 것이라는 점은 분명합니다. 우리가 해수면 온도 상승에 주목하는 이유는 많은 기상 현상이 바다에서 시작되기 때문입니다. 한 예로 해수면 온도가 상승하면 태풍이 더 크게 발생할 수 있습니다. 기후변화로 말미암은 온도 상승을 막지 못하면 앞으로 기후 복합 재난이 더욱 악화할 수밖에 없습니다. 최근 몇 년 동안 전 세계 사람이 몸으로 확인한 바이기도 하고요.

2019년과 2020년 겨울, 미국 캘리포니아에 큰 산불이 났습니다. 많은 소방 인력과 장비가 투입돼야 하는 상황이었죠. 다른 해였다면 호주 소방관들이 장비를 잔뜩 짊어지고 달려왔을 겁니다. 미국과 호주가 소방 자원을 공유하고 있었거든요. 두 나라가 산불이 많이 발생하는 시기가 달라서 가능한 일이었는데, 이때 호주도 '검은 여름'이라 불릴 만큼 큰불이 나는 바람에 미국 산불을 지원할 여력이 없었습니다. 이처럼 이상기후가 동시에 여러 곳에서 발생하면 대처하기가 매우 어렵습니다. 기후 재난 대처에 쓸 자원이 한정되어 있기 때문이지요.

우리나라도 이미 기후 재난에서 안전한 지역이 아닙니다. 미래에는 어떻게 될까요? 기상청이 2023년 11월에 탄소 배출량에 따른 해양 기후변화 전망 분석 결과를 발표했어요. 화석연료를 계속해서 사용하고 무분별한 개발이 확대될 경우, 한반도 주변 해역 평균 해수면 온도는 2041년에서 2060년 사이에 2도 이상 오를 거로 전망됐어요. 육지보다 온도 변화가 더딘 바다에서 2도 차이라면 매우 큰 변화예요. 반면에 재생에너지 사용을 늘리고 탄소 배출을 비약적으로 줄일 경우, 해수면 온도 상승 폭을 1.4도 수준으로 억제할 수 있다고 합니다.

우리가 엘니뇨를 막을 수는 없지만, 기후변화를 늦출 수는

있습니다. 기후 복합 재난을 눈앞에서 보는 지금, 온실가스를
줄이기 위해서라면 무엇이라도 해야 할 상황입니다.

얼음 기둥이 알려 주는
지구 기후의 과거와 현재

세계에서 가장 추운 도서관에 보관된 것은?

이 도서관을 방문하려면 추위를 각오해야 합니다. 이곳 온도는 영하
30도, 뱉어 낸 숨에 섞인 습기가 곧장 옷깃에 얼어붙습니다. 이 도서관에
보관된 것은 책이 아니라 빙하에서 채취한 얼음 기둥, 빙하 코어입니다.
이곳은 덴마크 코펜하겐에 있는 빙하 코어 보관소로 남극, 아이슬란드,
파타고니아, 그린란드 등에서 채취한 총길이 25㎞에 이르는 얼음
기둥을 보관하고 있습니다. 빙하 코어는 과거 기후 연구자들에게 매우
소중한 자료입니다. 진짜 도서관처럼 대출도 해 줍니다. 도서관과 달리
연구자들에게 대출한 얼음 책은 반납되지 않습니다. 연구 과정에서
얼음을 녹일 수밖에 없기 때문입니다.

기사에 나온 빙하 코어란 빙하에서 채취한 얼음 기둥을 말
합니다. 장비를 이용해 깊은 곳까지 뻗어 있는 얼음을 원통형
으로 뽑아내지요. 빙하는 수천 년에서 수만 년간 내린 눈이 층
층이 쌓이고 얼기를 반복하며 형성됩니다. 따라서 빙하 아래
쪽으로 내려갈수록 더 오래전에 만들어진 얼음이지요. 빙하가

빙하 코어에 갇힌 과거 공기 © NASA's Goddard Space Flight Center/Ludovic Brucker

일종의 나이테인 셈입니다.

　빙하 속에는 눈뿐만 아니라 형성 당시의 먼지, 화산재, 오염물질, 동식물 흔적과 박테리아, 그리고 공기가 섞여 있습니다. 지구 기후가 과거에 어떻게 변해 왔고 앞으로 어떻게 변할지 연구하는 과학자들이 관심을 둘 수밖에 없는 중요한 자료입니다. 과학자들은 특히 공기에 관심이 많습니다.

　기후변화를 유발하는 주범은 **이산화탄소**입니다. 지구 역사에서 최근 1,400만 년 동안 현재만큼 이산화탄소 농도가 높았던 적은 없습니다. 과학자들은 산업혁명 이후 대기에 누적된 이산화탄소가 현재 벌어지는 지구온난화의 원인이라고 말합니다. 바꿔 말하면 과거 온도가 낮았던 시대에는 대기 중 이산화탄소 농도가 높지 않았단 뜻이겠죠? 실제로 과학자들이 빙하 코어 속 공기를 분석하여 이 같은 사실을 확인했습니다. 예를 들어, 빙하기에 형성된 얼음층에 갇힌 공기는 이산화탄소 농도가 낮습니다. 또 1800년대 이후 이산화탄소 농도가 급격히 상승했다는 것도 빙하 코어 연구로 밝혀졌지요.

빙하 코어 연구로 실제로 얻는 것은 과거 기후 정보입니다. 이 정보는 미래 기후를 예측하는 데에도 도움이 됩니다. 이산화탄소 농도 등 과거 대기 구성의 변화가 기후에 미치는 영향의 패턴을 파악하면, 현재 데이터를 가지고 빙하가 녹는 속도, 그것에 따른 해수면 상승 폭 등 미래를 예측할 수 있기 때문이지요.

이런 이유로 이미 보관소에 빙하 코어가 4만여 개가 있는데도 코펜하겐대학교 연구원들은 그린란드에서 계속 빙하 코어를 채취하고 있습니다. 특히 최근 몇 년 사이에 지구 온도가 계속 오르면서 연구원들의 손길이 바빠졌지요.

북극곰이 바다 한가운데 떠 있는 얼음덩어리에 올라앉아 꿈

짝하지 못하는 모습, 한 번쯤 보셨죠? 몇 년 전, 해빙이 녹으면서 북극곰이 다닐 공간이 줄어든 안타까운 상황을 보여 주는 사진으로 주목받았습니다.

극지방에 가까운 그린란드도 온난화 파도를 피하지 못했습니다. 극지방은 오히려 더 빠르게 온난화가 진행됩니다. 보통 빙하와 눈에 덮여 있는 극지방은 햇빛을 흡수하지 않고 반사합니다. 이 덕에 더 낮은 온도를 유지할 수 있었죠. 그런데 얼음이 녹아내리기 시작하자 해수면과 땅으로 흡수되는 빛의 양이 늘면서 빠른 온난화가 진행되는 겁니다.

2023년 3월, 그린란드 일부 지역 기온이 섭씨 15도 가까이 올랐습니다. 수도인 누크는 15.2도를 기록했는데, 2016년 3월의 13.2도나 2019년 4월의 14.6도를 모두 뛰어넘는 수치입니다. 기온이 이렇게 높아 비가 내리면서 매년 3월 말에 열리는 북극권 스키 대회 때 인공눈 사용을 검토하기까지 했지요.

2023년 11월, 코펜하겐대학교 연구진이 그린란드 빙하 1,000여 개를 조사한 결과를 발표했어요. 빙하를 찍은 최근 위성사진과 20만 장의 과거 사진을 비교하여 분석했더니, 최근 20년간 빙하가 녹는 속도가 전보다 5배 빨라졌다고 합니다. 20년 전만 해도 빙하가 연평균 5~6㎝씩 녹았는데, 최근 20년간에는 연평

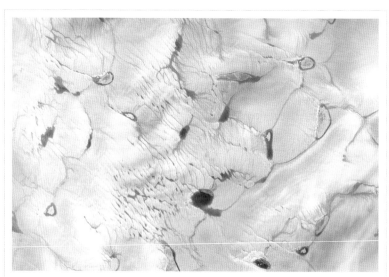
점점 빨리 녹는 그린란드 빙하 © NASA

균 25㎝씩 사라지고 있습니다.

　빠른 속도로 빙하가 녹으면 어떤 일들이 생길까요? 과학계에서는 그린란드에 있는 빙하가 모두 녹으면 해수면 높이가 최소한 6m는 높아질 것이라고 예상해요. 2006년에서 2018년 사이에 해수면이 상승한 요인 중 17.3%는 그린란드에서 녹은 빙하 탓이라는 연구도 있습니다.

　따뜻한 기온뿐 아니라 따뜻한 해류도 빙하를 녹이고 있습니다. 프랑스 그르노블알프대학교의 빙하학자 로맹 밀란은 그린란드 북부 빙하를 연구합니다. 그는 따뜻한 해류가 빙하 하부를 지탱하는 얼음을 녹여서 1978년 이후 그 양이 35% 이상 감소했다고 밝혔습니다. 이 연구의 결론 역시 그린란드 빙하가 녹으면서 지구 해수면 상승에 큰 역할을 하고 있다는 것이었죠.

거대한 해류는 적도부터 고위도 지역까지 흐르면서 지구 기후에 지대한 영향을 미칩니다. 극지방 빙하가 계속 녹으면 이 해류에도 엄청난 변화가 생길 수 있습니다. 빙하가 녹은 물이 바다로 흘러들어 바닷물 염도가 낮아지면 고위도에서 저위도로 흐르는 해류 흐름에도 변화가 생기고, 그에 따라서 지구 열순환에 큰 문제가 생길 수 있거든요.

2만 2,000여 개의 그린란드 빙하가 점점 빨리 녹고 있습니다. 연구원들은 빙하 코어를 확보하기 어려워질까 봐 걱정이 많아졌어요. 미처 뽑아내기도 전에 빙하가 다 녹아 버릴 수도 있다는 불안감이 점점 커지고 있는 거죠. 연구원들은 "몇 년 전 빙하 코어를 채취했던 장소에서 이미 많은 빙하가 사라졌다."라고 말했습니다. 연구진의 절박한 마음이 담긴 말입니다.

기후변화로 감소하는
생물다양성

한라산 돌매화나무는 이사할 곳이 없다

세계적 희귀종 돌매화나무는 우리나라에서는 한라산 정상 근처에서만 삽니다. 과거 아시아 대륙이 히말라야에서 러시아 동북부까지 산맥을 따라 빙하에 덮여 있던 때가 있었습니다. 그에 따라서 높은 산에 살던 고산식물이 남쪽과 산 아래로 이동했습니다. 그때 돌매화나무도 한라산에 자리를 잡았습니다.

온난화가 진행되면서 극지 고산식물의 분포 지역이 다시 북쪽과 산 위로 후퇴하고 있습니다. 이미 한라산 정상까지 쫓겨난 돌매화나무, 기온이 더 오르면 이사 갈 곳이 없습니다.

한라산에는 돌매화나무가 살아요. 5월과 6월에 하얀 꽃을 피우는 이 식물은 키가 작아 마치 풀처럼 보이지만 엄연히 나무입니다. 생태학적으로 매우 귀한 식물이지요.

남한에서 가장 높은 한라산은 높이에 따라 다양한 기후대가 존재해요. 이 덕분에 산을 오르면서 난대성 식물부터 고산식물까지, 다양한 서식 환경에 사는 다양한 식물을 살펴보기가

돌매화나무 © Alpsdake

아주 좋지요.

꼬마 나무인 돌매화나무는 현재 한라산 정상 부근에서만 자라고 있습니다. 이곳 말고는 마땅한 서식 환경을 갖춘 땅이 없기 때문이지요. 돌매화나무를 비롯하여 한라산 고지대에만 서식하는 식물은 이제 멸종을 기다리는 처지입니다.

이렇게 위기를 맞은 생명은 돌매화나무뿐이 아니에요. 제주특별자치도 세계유산본부에 따르면, 최근 5년간 한라산 1,300m 이상 고지대에 사는 나비 30종가량을 해발 고도별로 조사한 결과, 서식지와 개체 수가 모두 감소했어요. 이 때문에 지역 언론과 기후 환경 담당 기자들이 제주 지역 생태계 절멸을 우려하고 있지요.

특히 북방계 나비들의 감소세가 뚜렷하게 나타났습니다. 나비에 북방계와 남방계가 있다는 게 낯설 겁니다. 잠깐 설명하고 넘어가지요. 나비마다 서식할 수 있는 위도가 달라요. 서식이 가능한 위도의 북쪽 한계를 북방 한계선, 남쪽 한계를 남방 한계선이라고 하지요. 북방계 나비는 남방 한계선이 한반도에 있는 종입니다. 그렇다면, 남방계는? 북방 한계선이 한반도에 있는 종이지요. 그러니까 북방계 나비는 한반도보다 더 남쪽에서는 살 수 없는 종을 가리킵니다.

국립산림과학원에 따르면, 우리나라 나비들은 해마다 1.6㎞씩 북쪽으로 이동하고 있습니다. 정확히 말하면, 북방계 나비의 남방 한계선과 남방계 나비의 북방 한계선이 해마다 1.6㎞씩 북쪽으로 이동하는 겁니다. 북방계 나비들은 살아남기 위해 점점 북쪽으로 서식지를 옮길 수밖에 없는 상황이지요.

북방계 나비들에게는 다른 선택지도 있습니다. 더 높은 곳으로 이동하는 거죠. 고도가 높아질수록 기온이 낮아지니까 북쪽 지역으로 이동하는 것과 효과가 같습니다. 제주도에 사는 북방계 나비들은 이 방법을 선택했어요. 해마다 점점 더 높은 곳으로 서식지를 옮기고 있지요. 그래서 조사에서 서식지와 개체 수가 줄어든 결과가 나온 겁니다. 이렇게 점점 산 정상으로 올라가다가 더 올라갈 곳이 없으면, 결국 멸종하게 되겠죠.

세계자연보전연맹은 전 세계 15만 388종의 동식물 중 이미 절멸로 분류된 동식물이 902종이며, 멸종 위기에 처한 동식물은 4만 2,108종이라고 밝혔습니다. 앞으로 돌매화나무나 제주 나비들처럼 멸종 위기에 몰리는 동식물의 수는 더욱 늘어날 수밖에 없을 거예요.

생물종의 강제 이주와 다양성 상실이 우리에겐 어떤 의미가 있을까요? 돌매화나무와 나비가 없어도, 우리 삶이 크게 달라지진 않을 거라는 생각이 들기도 할 겁니다. 하지만 이렇게 서서히 종이 사라져 가는 것이 생태계에 주는 영향은 매우 큽니다. 생태계를 구성하는 생물들이 서로 연결되어 있기 때문이지요.

나비 이야기를 좀 더 해 보죠. 나비는 식물의 꽃가루받이를 돕는 곤충입니다. 한라산 생태계의 여러 식물이 꽃을 찾아오는 나비 덕분에 씨앗을 맺지요. 나비에게 꽃가루받이를 의존했던 식물은 나비가 사라지면 생물의 지상 목표인 후손 남기기에 실패할 수 있습니다. 시간이 지나면 결국 이 식물들은 한라산 숲에서 사라지게 되겠죠. 그 연쇄 작용으로 동물들도 영향을 받을 테고요.

인간 위주의 관점이긴 합니다만, 멸종으로 인한 생물다양성 감소는 생물자원의 일부를 상실하는 일입니다. 예를 들어 해열제로 먹는 아스피린의 제조 원료는 버드나무 껍질이고, 향료로 쓰이는 식물인 팔각회향은 2009년 전 세계에서 창궐한 신종플루를 치료하는 타미플루의 원료예요. 미국에서 조제되는 약품의 25%가 식물 성분을 포함하고 있고, 동양 의학에서는 5,100여 종의 동식물을 치료에 쓰고 있다고 합니다. 제주도에 서식하는 생물만 따져도 300종 이상이 화장품 원료로 사용됩니다.

국제사회는 생물다양성 위기를 긴급사태로 진단하고 대책 마련에 나섰어요. 1992년에 유엔 차원에서 생물다양성협약을 채택했으며, 현재 196개국이 가입했습니다. 2022년 12월에 캐나다 몬트리올에서 열린 생물다양성협약 당사국총회에서는 생물 멸종 위험도 감소, 생물의 유전적 다양성 유지와 복원, 훼손된 생태계 30% 이상 복원 등 생물다양성을 지키기 위한 목표를 세웠어요.

전 세계는 매년 5월 22일을 생물다양성의 날로 지킵니다. 해마다 주제를 선정하여 발표하는데, 2023년 주제는 '합의에서 행동으로: 생물다양성 재건', 2024년 주제는 '생물다양성을 위한 노력에 우리 모두 함께하자'입니다. 두 주제 모두 우리의 실천을 요구합니다. 기후변화로 다양한 생물이 사라져 가는 문제를 심각하게 생각해야 하는 이유는 지구촌 다른 생명이 사라지면, 우리의 삶도 지금처럼 풍요롭지 못하기 때문입니다. 생물다양성 보존을 위해 어떤 행동을 할지, 함께 고민해 보시죠.

탄소 저장 어벤져스,
습지가 사라진다

내륙습지 2,170곳 소멸 위험

우리 국토의 3.5%는 습지입니다. 습지는 전 세계 생물종의 40%가
사는 생명의 터전이자 거대한 탄소 흡수원입니다. 이런 습지가 점차
사라지고 있습니다. 2003년 이후 현재까지 축구장 9,500개 면적이
사라졌습니다. 소멸 속도는 점점 빨라지고 있습니다. 2023년 기준
내륙습지 2,500여 곳 중 2,170곳이 소멸 위협을 받고 있습니다.
21세기 말까지 연안습지 75%가량이 소멸할 거라는 예측도
나왔습니다. 수많은 철새가 찾는 람사르 습지 창녕 우포늪을 사진으로만
보게 될지도 모릅니다.

여러분은 주말이나 방학, 휴가 때 어디로 놀러 가시나요? 바
다나 산, 가까운 자연을 찾는 일이 많을 테지만, 습지를 찾는 일
은 드물 것 같네요. 그런데 습지가 우리 자연을 지키고 기후변
화 조절을 담당하는 '어벤져스'라는 것 알고 계셨나요?

습지는 물에 잠겼다 말랐다 하는 땅을 말해요. 습지보전법에
따르면, 습지는 담수나 염수나 기수(바다와 강이 만나는 물)가 영구

적, 또는 일시적으로 그 표면을 덮고 있는 지역입니다. 내륙습지와 연안습지, 인공습지 등으로 구분하지요.

국립생태원 자료를 보면, 담수습지에 전 세계 생물종의 40% 이상이 서식하고 있어요. 아마존강과 이어진 내륙습지에는 1,800여 종의 어류가 서식하고 있기도 하죠. 바다와 이어진 연안습지에는 해양 생물의 25% 정도가 서식하고 있다고 하네요. 육지의 퇴적물, 해수나 담수의 영양염류(식물성 플랑크톤이 번식하는 데 영향을 주는 염류)가 모이는 곳이라 습지에는 오밀조밀한 생태계가 구성됩니다.

또 습지는 흙과 물을 저장하는 기능이 있어 홍수를 조절하고, 물이 지하로 스며들기 전 질소나 인과 같은 과잉 영양분을 처리하여 물을 정화하는 기능도 합니다. 또 하나 빼놓을 수 없는 것이 탄소 저장 기능이죠.

특히 중요한 역할을 하는 것은 수련이나 연꽃, 참통발, 물고사리 등 습지 식물입니다. 이 식물들이 빽빽이 자라면서 낮에는 광합성을 하면서 탄소를 흡수하고, 밤에는 배출합니다. 그러면서 일부 탄소를 저장합니다. 보통 땅에서는 식물이 죽으면 분해되어 다시 탄소가 배출되지만, 축축한 습지에서는 분해가 잘 이루어지지 않아 식물이 흡수한 탄소를 더 많이 저장하는 거죠.

　이렇게 우리나라 습지가 저장하는 탄소의 양은 내륙습지가 약 1,630만 톤, 연안습지가 1,300만 톤 등 1년에 약 3,000만 톤에 달합니다. 2027년 기준 국가 전체 온실가스 감축량의 21%를 차지하는 엄청난 양입니다. 현재 우리나라 연간 1인당 탄소 배출량이 12톤가량이에요. 단순하게 계산하면 250만 명이 1년간 배출하는 온실가스를 습지가 품고 있는 셈이죠.

　그런데 습지 면적이 자꾸 줄고 있어요. 자연적인 원인으로

탄소 저장고인 습지. 우포늪 © Seong Gyu Eok Men

는 가뭄과 해수면 상승을 꼽을 수 있습니다. 내륙습지는 가뭄으로 마르고, 바다에 접한 연안습지는 해수면이 상승하면서 바닷물에 잠기는 거지요. 토지 확장을 위한 간척과 매립 등 인간 활동으로 사라지는 습지 면적도 만만치 않아요.

국립생태원은 2023년 기준 내륙습지 2,704곳 중 176곳(약 6.5%)이 사라졌다고 했어요. 해양수산부 연안습지 면적 현황을 보면 2013년에서 2018년까지 5년 사이에만 인천 송도국제도시, 평택항, 여수 율촌산업단지를 만들기 위해 여의도 면적의 1.8배 습지를 매립했습니다.

습지를 메워서 다른 용도로 쓰는 게 경제적으로는 이득일까요? 연안습지인 우리나라 갯벌의 수산물, 수질 정화, 재해 예방 등 경제적 가치를 따져 보면, 연간 최소 17조 8,121억 원가량입니다. 습지를 메워 농업이나 다른 산업에 활용하여 이 정도 가치를 생산하기는 어렵습니다. 습지를 지키는 게 경제적인 측면에서도 이득이라는 거죠.

국립생태원과 KBS가 함께 제작한 '습지 소멸 지도'에 따르면, 현재처럼 탄소를 배출할 경우, 2100년이 되면 내륙습지의 80%, 연안습지의 75%가량이 역사 속으로 사라집니다. 습지 보존 대책이 시급한 상황입니다. 어떻게 하면 습지 소멸을 막을 수 있을까요?

먼저 외국 사례에서 힌트를 찾아보죠. 미국은 1980년대 후반부터 습지 총량 유지(No Net Loss of Wetlands) 정책을 도입했어요. 이 정책의 목표는 습지 전체 면적이 줄어들지 않도록 하는 것입니다. 이를 위해 기존 습지 보전, 훼손된 습지 복원, 새로운 습지 조성 등 사업을 합니다. 만약 습지와 관련된 개발 사업이 신청되면, 습지 훼손 회피, 최소화, 완화, 이렇게 3단계 검토 절차를 거쳐서 습지가 망가지는 것을 방지합니다. 그래도 어쩔 수 없이 습지를 훼손하게 될 경우, 개발 주체는 상실되는 습지 면적의 1.4배 이상의 대체 습지를 동일 지역에 동일한 기능으로 조성해야 합니다.

만약 여러 가지 사정으로 대체 습지를 만들지 못할 경우, 습지은행으로부터 습지권을 구매해야 합니다. 습지은행은 훼손된 습지를 복원하거나 새로 습지를 조성한 이에게 습지권을 판매할 권리를 주는 제도입니다. 전문 지식을 갖춘 이들이 장기간에 걸쳐 습지를 관리할 수 있는 장점이 있죠. 미국뿐만 아니라 캐나다, 네덜란드 등 다른 국가도 이와 비슷한 제도를 운용합니다.

우리나라도 습지 목록 작성, 습지보호지역 지정 등 습지 보호를 위한 정책을 시행하고 있지만 미흡합니다. 습지보전법에 습지보호지역이나 습지개선지역을 훼손하면, 일정 비율에 해당하는 면적의 습지가 보존되도록 해야 한다는 규정이 있습니다. 하지만 이를 위한 재원 마련 규정이 없어서 실행이 불가능한 상황이에요. 또 자연적으로 사라지는 습지에 대한 적극적 보호 조치도 사실상 어렵습니다. 습지가 소중하니까 보호하자는 호소만으로는 실제 보호가 이루어지기 힘듭니다. 습지은행처럼 개발로 습지를 훼손하면 경제적 부담을 느끼도록 하는 제도가 필요합니다. 잘못 관리하면 탄소 저장고 습지가 탄소 배출 공장이 될 수도 있으니까요.

폭염으로 인터넷을
못 쓸 수도 있다고요?

불볕더위로 구글 데이터센터 가동 중단

2022년 9월, 캘리포니아주에 있는 X(전 트위터)의 데이터센터 일부가
가동을 중단했습니다. 며칠간 이어진 폭염이 원인입니다. 7월에는
런던에 있는 구글과 오라클의 데이터센터도 같은 이유로 멈췄습니다.
이번 사태는 일부 고객만 피해를 보는 선에 그쳤지만, 여름 기온이
해마다 높아지는 상황에서 언제 데이터센터가 통째로 멈출지
모릅니다. 데이터센터 역시 친환경으로 변화해야 더 큰 손해를 막을 수
있겠습니다.

2022년 9월에 있었던 SK C&C 데이터센터 화재를 기억하시
나요? 카카오톡, 카카오페이 등 주요 서비스가 반나절 이상 끊
겼죠. 데이터센터는 IT 기업의 뇌와 같아요. 특히 인공지능, 메
타버스 등 대용량 데이터를 관리해야 하는 빅테크* 기업에는 필
수품이죠. 자체 데이터센터를 구축한 기업들도 있지만 데이터

빅테크(Big Tech)
인터넷 플랫폼을 기반으로 온라인상에서 다양한 서비스를 제공하는 거대 IT 기업. 대표
기업으로 구글, 아마존, 카카오, 네이버 등이 있다.

센터를 임대해 사용하는 기업들도 있으니, 짧은 순간이라도 전기가 끊기면 엄청난 손실로 이어질 수밖에 없습니다.

이렇게 중요한 데이터센터가 폭염에 무너진 이유는 무엇일까요? **데이터센터**는 전기 사용량이 많아 열도 많이 발생해요. 데이터센터가 있는 지역에 폭염이 이어지면서 냉각 시스템이 제대로 작동하지 않아 장애가 발생했고, 추가 문제 발생을 막기 위해 시스템 일부를 잠시 중단한 거죠.

데이터센터는 가동을 멈추면 안 되기 때문에 데이터를 다른 곳에 백업하는 이원화 시스템, 재해가 일어나도 서비스가 운영될 수 있도록 지원하는 재해 복구 시스템 등을 철저하게 구축해 놓은 시설이에요. 지진, 태풍과 같은 천재지변에도 대응할 수 있단 얘기죠.

이런 데이터센터도 내부 열에 무너졌어요. 컴퓨터를 오래 켜놓으면 화면이나 본체가 뜨끈뜨끈해지듯 365일 24시간 가동하는 데이터센터에서도 어마어마한 열이 발생합니다. 이 열을 제때 외부로 방출하지 못하면 시스템에 문제가 생길 수 있어요. 하드웨어 손상을 막기 위해 유지해야 하는 온도는 18도에서 27도 사이로, 데이터센터 전력 사용량의 절반 정도가 에어컨과 같은 냉각 시스템과 공기 순환 시스템에 쓰입니다.

아마존 데이터센터. 어마어마한 규모만큼 전기 소모량도 많다. © Tedder

　에어컨 실외기가 뜨거운 바람을 뿜어내는 것처럼, 데이터센터 내부를 식히기 위한 시스템이 바깥 기온을 높일 수 있습니다. 더군다나 데이터센터가 사용하는 전기의 상당량은 화석연료를 태워 발전한 거죠. 데이터센터가 탄소를 배출해 지구 온도를 높이는 셈입니다.

　챗GPT 등 생성형 AI의 부흥과 함께 문제는 더 심각해지고 있어요. 생성형 AI가 전기를 엄청나게 잡아먹기 때문이에요. 챗GPT는 질문 하나를 처리하는 데 구글 검색보다 10배나 많은 전력을 사용한다고 합니다.

챗GPT3가 훈련 과정에서 사용한 전력량은 1,287MWh로, 이 산화탄소 배출량으로 환산하면 552톤에 가까워요. 휘발유 자동차 123대가 1년 주행할 때 탄소 배출량과 동일한 수준입니다. AI 산업에 숨은 탄소 배출량에 대한 우려가 커질 수밖에 없죠.

데이터센터를 운영하는 기업도 이대로는 안 된다는 점을 인지하고 있어요. 친환경 데이터센터로 변신하려면 **전력 사용량**을 줄여야 합니다.

국내 기업들은 상대적으로 시원한 지역에 데이터센터를 짓는 방법을 찾았습니다. 네이버는 이미 춘천에 데이터센터를 지었고, 태백의 폐광 지역에 데이터센터를 건립하려는 기업도 있습니다. 고지대의 서늘한 공기를 활용해 냉각에 사용되는 전력량을 줄이겠다는 거죠.

북극권에 데이터센터를 짓는 글로벌 기업도 생기고 있어요. 마이크로소프트는 해저에 데이터센터를 지어 저온 심층수를 활용하는 방식을 연구하고 있어요. 차가운 해저 심층수를 냉각에 이용하겠다는 거예요.

재생에너지만으로 데이터센터를 운영하려는 기업도 있습니다. 구글과 애플은 재생에너지 자원이 풍부한 덴마크에 초대형 데이터센터를 지었고, 아마존은 호주에 있는 데이터센터를 확장하기로 했죠. 아마존은 2025년까지 필요한 전력의 100%를 재생에너지로 충당하겠다는 목표를 내세웠는데, 호주가 태양광발전과 풍력발전 등 재생에너지가 풍부한 지역입니다. 이와 더불어 데이터센터 가동으로 발생하는 열을 재활용하는 방안을 고민하고 있어요. 이 열을 인근 가정이나 기업의 지역난방에 활용하면서 에너지 효율까지 높이겠다는 거예요.

데이터센터는 가동을 멈추면 안 되기 때문에 재생에너지가 끊이지 않고 공급되어야 합니다. 재생에너지 생산량이 데이터센터의 소비량을 넘어설 만큼 풍부하면서 안정적으로 공급할 수 있는 곳을 두고 기업들이 치열하게 경쟁할 거라는 전망도 나옵니다. 호주 같은 곳 말이지요.

이제 폭염으로 인터넷을 사용하지 못할 수도 있다는 게 실감이 나시나요?

달라지는
우리 생활

일회용 비닐봉지 금지, 우리나라는?

싱가포르 일회용 비닐봉지 유료화

싱가포르 주요 슈퍼마켓이 비닐봉지를 유료로 판매하기 시작했습니다. 소비자들은 비닐이든 종이든 일회용 봉지를 이용하려면 1개당 최소 0.05싱가포르달러를 내야 합니다. 싱가포르 국립환경청은 "일회용품 소비로 인한 폐기물 발생과 탄소 배출이 기후 위기를 악화시킬 것이다." 라고 밝혔습니다. 싱가포르는 2030년까지 매립지로 보내는 폐기물의 양을 30% 줄이는 것을 목표로 하고 있습니다.

- -

편의점에서 과자와 음료수를 잔뜩 샀는데 봉투가 없다면? 돈을 내고 비닐봉지를 사야 하지요. 정부가 애초 계획을 따랐다면, 2023년 11월부터는 이런 모습이 사라졌을 거예요. 원래는 2023년 11월부터 비닐봉지 사용을 전면 금지할 예정이었으니까요. 하지만 정부는 이 계획을 무기한 연기했어요. 이뿐만 아니라 식당에서 일회용 종이컵도 다시 쓸 수 있게 되었고, 카페에서는 종이 빨대가 사라지고 플라스틱 빨대가 다시 등장했습니다. 반면, 싱가포르는 2023년 7월부터 일회용 비닐봉지를 공짜로 주던 관행을 바꾸기로 했습니다. 두 나라의 정책 방향이 사뭇 다르지요.

일회용 플라스틱의 상징과 같은 비닐봉지는 1964년에 스웨덴 회사인 셀로플라스트가 멜빵 형태의 손잡이 일체형 비닐 주머니를 개발하면서 세상에 등장했습니다. 가볍고 질긴 데다가 물에 젖지도 않는 비닐봉지는 빠른 속도로 종이봉투를 대체했죠.

개발자는 사람들이 질긴 비닐봉지를 오래 사용하리라 기대했어요. 하지만 이런 기대와는 반대로 값싼 비닐봉지는 일회용이 되었고, 질긴 특성이 환경에 독이 되었죠. 비닐봉지는 길어야 수십 분 사용되고 버려지지만, 자연에서 분해되는 데에

야생동물은 비닐봉지를 먹이로 착각한다. © seegraswiese © Senthi Aathavan Senthilverl

는 수십 년에서 수백 년이 걸립니다. 우리가 버리는 비닐봉지가 거의 사라지지 않고 땅과 바다에 그대로 남는 거죠. 이렇게 남은 비닐봉지는 환경을 파괴하며 거기에 사는 생물에게도 치명적입니다. 고래가 비닐봉지를 삼키고 죽는 일까지 생기고 있지요.

이런 이유로 개발된 지 40년가량이 지난 뒤부터 비닐봉지를 금지하는 나라들이 나타났어요. 첫 번째로 비닐봉지 사용을 금지한 나라는 방글라데시입니다. 비닐봉지가 배수 시스템을 막는 바람에 홍수가 악화하였고, 그 때문에 수천 명이 목숨을 잃자 2002년에 비닐봉지 사용을 금지했지요. 미국에서는 캘리포니아주가 최초로 2014년에 사용을 금지했지요. 뉴질랜드는 2023년 7월에 슈퍼마켓에서 과일과 채소를 담는 데 쓰는 얇은 비닐봉지까지 금지했습니다.

사용 금지 대신에 비닐봉지 사용을 유료화하는 방법도 효과가 있어요. 2002년에 아일랜드 정부가 비닐봉지에 15센트의 세금을 부과하자 한 해 사용량이 90%나 줄었죠. 유엔환경계획의 조사에 따르면, 2018년 여름 기준으로 127개 나라가 비닐봉지 사용을 제한하는 법률을 시행하고 있습니다.

이런 노력에도 불구하고 경제협력개발기구가 2022년에 발표한 '글로벌 플라스틱 전망(Global Plastics Outlook: Policy Scenarios to 2060)' 보고서를 보면, 미래는 암울합니다. 이 보고서에 따르면 세계인이 지금처럼 플라스틱을 생산하여 소비하면 2060년에는 지금보다 3배 많은 플라스틱 폐기물이 쌓입니다.

유럽연합 등 선진국은 이에 대한 대응으로 플라스틱 쓰레기를 줄이기 위한 **재활용과 재사용**° 규제 정책을 강화하고 있어요. 예를 들어, 유럽연합 국가들은 플라스틱 포장재를 만들 때 플라스틱을 재활용한 재생 플라스틱을 재료로 써야 합니다. 유럽연합에 제품을 수출하려는 외국 기업도 이 규정을 지켜야 해요.

그렇지만 플라스틱 재활용이 실제로는 플라스틱 소비량을 줄이지 못하는 **그린워싱**°일 뿐이라는 지적도 있습니다. 재생 플라스틱을 사용해야 한다는 규제가 플라스틱 사용 자체를 막는 것은 아니잖아요? 기업은 기술을 이용해 이 규제에 맞는 플라

재활용과 재사용
재활용은 버린 물건을 다시 쓸모가 있는 것으로 바꾸는 일. 플라스틱 쓰레기를 잘게 부순 펠릿을 원료로 다른 물건을 만들 때처럼 형태가 변한다. 재사용은 원래 형태 그대로 고치거나 씻어서 다시 쓰는 일.

그린워싱 greenwashing
친환경 위장술. 기업이 실제로는 환경보호 효과가 없거나 악영향을 끼치는 제품을 생산하면서 광고와 홍보 등으로 친환경 이미지를 내세우는 행위를 가리킨다.

스틱 제품을 또 생산할 것이므로 결국 종류가 다른 플라스틱을 또 만들 뿐이라는 거죠.

게다가 경제가 빠르게 성장하고 인구가 늘고 있는 개발도상국에서는 플라스틱 사용량이 늘어날 전망입니다. 폐기물과 환경 파괴를 걱정하지 않는다면, 물건을 튼튼하고 값싸게 만드는 데 플라스틱만큼 좋은 재료가 없기 때문이지요.

플라스틱을 줄이는 일은 이렇게 어려운 일이에요. 비닐봉지 사용을 줄이는 일도 마찬가지입니다. 2022년 4월 미국 피츠버그 시의회는 일회용 비닐봉지 사용 금지 안건을 승인하고, 시행은 1년 뒤에 하기로 했죠. 2023년 3월이 되자 준비 기간이 더 필요하다며 다시 10월까지 시행을 미루었습니다. 마침내 10월이 되어 비닐봉지 금지가 시행되었는데, 긴 준비 기간에도 불구하고 시 경계에 사는 주민들은 비닐봉지를 주는 다른 도시로 장을 보러 가기도 했어요. 비닐봉지를 손쉽게 제공하고 이를 받아 왔던 가게와 손님 등 모든 시민이 삶의 방식을 바꾸는 정책을 실제로 현장에 적용하려면 시간과 비용, 소통이라는 에너지가 듭니다. 아주 작은 일인 것 같은데도 말이지요.

우리나라는 비닐봉지 유료화 실시 기간이 제법 길어요. 그동안 사람들도 어느 정도 비닐봉지가 없어도 된다는 생각의 전환을 이루기도 했지요. 실제로 약간만 신경 쓰면 비닐봉지 없이도 충분히 살 수 있으니까요. 이미 많은 시민은 장바구니 사용에 익숙해진 듯합니다. 어렵게 얻은 작은 성취마저 거꾸로 되돌린 정부의 결정이 크게 아쉬울 수밖에 없습니다.

탄소 배출을 줄이려는
항공사의 노력

일본항공 의류 대여 서비스 시작

일본항공이 2023년 7월부터 2024년 8월 말까지 약 1년 동안 일본을 방문하는 관광객들에게 옷을 빌려줍니다. 이 유료 서비스의 이름은 '어디서든 어떤 옷이든(Any Wear, Anywhere)'입니다. 입국 한 달 전에 원하는 옷을 선택하면 지정한 호텔로 배송해 줍니다. 서비스 가격은 상하의 한 벌에 4,000~7,000엔입니다. 일본항공은 지속 가능한 여행을 촉진하기 위해 이 서비스를 도입한다고 밝혔습니다. 도쿄와 뉴욕을 오갈 때 짐 1kg을 줄이면 탄소 배출을 0.75kg 줄일 수 있다고 합니다.

자동차나 버스 등을 이용하면 이들 교통수단에서 배출되는 탄소나 유해 물질을 체감할 수 있습니다. 꽁무니에서 내뿜는 배기가스를 몸으로 직접 느낄 수 있기 때문이죠. 그러나 거대한 비행기를 타고 하늘 위를 여행할 때는 그걸 체감하기 쉽지 않지요.

항공 산업은 세계 탄소 배출량의 2.5%가량을 차지하는 대표

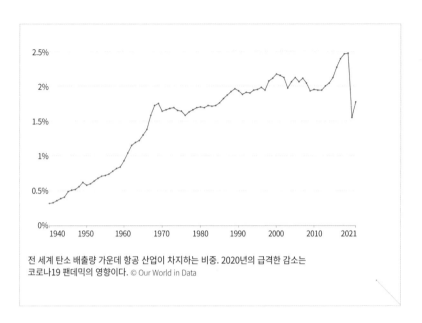

전 세계 탄소 배출량 가운데 항공 산업이 차지하는 비중. 2020년의 급격한 감소는 코로나19 팬데믹의 영향이다. © Our World in Data

탄소 배출 산업이에요. 전기차가 빠르게 내연기관 차량을 대체해 가는 시대이지만, 항공기가 내뿜는 탄소를 줄이기 위한 노력은 더디게 진행되고 있습니다. 항공기에 사용하는 연료에 대한 규제가 엄격하고 탈탄소 기술을 적용하는 데 시간과 비용이 많이 소요되기 때문이지요.

항공사들도 플라스틱 사용을 줄이기 위해 노력하고 있습니다. 에어캐나다 항공기에서는 나무로 만든 커피 스틱을 제공해요. 델타항공도 비즈니스 클래스 손님들에게 제공하는 '웰컴 키트'에 플라스틱이 아닌 대나무 칫솔을 담습니다. 멕시코 여성 공동체가 제작한 립밤과 로션 등 친환경적이고 사회 공헌 의미가 담긴 물품도 들어갑니다. 기내 침구류도 플라스틱병을 재활용하여 만든 담요와 베개로 교체하고 식기류도 대나무 제품으로 교체할 예정이랍니다.

그러나 항공사들은 더 근본적인 변화를 요구받고 있어요. 바로 원유를 정제해 만든 항공유가 내뿜는 탄소 배출량을 줄이기 위해 대체 연료나 대체에너지를 구하는 일입니다. 항공사들의 진짜 고민은 따로 있는 거죠.

유엔기후변화협약에 따라 각 나라는 탄소 감축 계획을 세우고 이를 이행하기 위한 노력을 평가받아야 해요. 예를 들어 유럽 연합 국가들은 탄소 감축을 위해 2025년부터는 자국 공항을 이용하는 세계 모든 항공사에 지속 가능한 항공유를 소량이라도 사용하라고 요구하고 있습니다. 이는 의무 사항이에요.

지속 가능한 항공유란, 옥수수 등 농산물이나 폐식용유 등 폐자원을 재활용해 만드는 연료를 가리킵니다. 항공기에 지속 가능한 항공유를 사용해도 비행하는 동안에는 탄소를 배출합니다. 하지만 옥수수 같은 농작물이 자라면서 탄소를 흡수하기 때문에 전체적으로는 탄소 배출량을 줄이는 효과가 있지요. 다만 화석연료를 사용하면서 발생하는 가스도 지속 가능한 항공유 원료로 사용되기 때문에 온실가스를 아예 배출하지 않는 것은 아닙니다.

국제항공운송협회는 2050년까지 항공 분야의 탄소 배출량을 0으로 만드는 것을 목표로 하고 있는데, 여기에 지속 가능한 항공유가 65% 정도 이바지할 것으로 보고 있습니다. 항공기 운항을 줄이지 않으면서 이 목표를 달성하기 위해서는 수천억 리터의 지속 가능한 항공유가 생산되어야 합니다.

유럽과 미국을 중심으로 지속 가능한 항공유 생산과 공급 증대를 위한 정책 도입과 투자 지원이 확대되고 있기는 해요. 하지만 생산 시설 부족으로 공급량이 크게 부족한 상황이고 그만

옷을 빌려주는 서비스를 알리는 일본항공 사이트

큼 비싸서 널리 이용될 수 있을지 아직은 미지수입니다. 지속 가능한 항공유 가격이 지금처럼 비싸다면, 항공사들은 이를 선택하기 어려울 수 있죠. 항공권 가격이 지금보다 크게 오를 테니까요. 지속 가능한 항공유가 항공 분야 탄소 배출량 감축의 일등 공신이 될지는 아직 지켜보아야 하겠어요.

지금으로서는 항공기 무게를 줄여서 항공유 사용량을 줄이고, 그만큼 탄소 배출량도 줄이는 방법이 충분히 의미가 있습니다. 일본항공이 옷 대여 서비스를 시작한 것도 바로 그런 이유입니다. 탑승 전 기내식 섭취 여부를 묻는 항공사도 있습니다. 만약 승객이 기내식을 먹지 않겠다고 하면 아예 싣지 않는 거죠. 비행기로 여행할 계획이 있다면 한 끼쯤 굶는 것도 좋겠네요. 그게 어렵다면 비행기 이용으로 자신이 배출한 탄소량만큼 기후 위기 대응 자금에 기부하는 방법도 있어요.

항공 산업이 탄소 배출 주범이라는 오명을 벗고 기후 위기 극복에 동참할 수 있을까요? 항공사가 지속 가능한 항공유 기술 개발에 필요한 비용 일부를 감당하고 대체 연료 사용량을 늘려 가면 가능할 것입니다. 소비자이자 시민인 우리가 항공사의 변화를 촉구하고 주목할 때 변화의 속도는 더욱 빨라질 수 있습니다.

기후변화로 확대되는
모기 매개 감염병

열대 모기가 옮기는 전염병 유럽까지 퍼진다

유럽연합은 유럽에서 뎅기열 같은 모기 매개 바이러스성 질병의 위험이 증가하고 있다고 경고했습니다. 유럽질병예방통제센터는 온난화로 여름이 길어져 흰줄숲모기 같은 전염병 매개 모기가 활동하는 데 더욱 유리해질 것이라고 내다봤습니다. 지카바이러스, 웨스트나일바이러스 등 현재 치료가 불가능한 감염병을 옮기는 이집트숲모기가 지중해 동부 섬나라 키프로스에서 발견되기도 했습니다.

여름밤 잠을 깨우는 모기 소리는 생각만 해도 불쾌합니다. 현재 우리나라에서는 1년 중 절반 이상을 모기장을 치거나 전자 모기향을 켜 놓지 않고는 잠을 잘 수 없는 게 많은 가정이 겪는 현실이죠.

여름의 상징이었던 모기는 이제 가을의 상징으로 바뀌고 있어요. 기후변화로 여름철 기온이 오르면서 우리나라 여름은 모기가 살기에 어울리지 않는 계절이 되었거든요. 모기 전문가 고신대 이동규 교수님의 설명에 따르면, 변온동물인 모기는

말라리아를 옮기는 모기 © James Gathany Content Providers(s): CDC

27~32도에서 가장 활발하게 활동합니다. 이 기온을 넘어서는 더위가 오면 오히려 모기가 힘을 못 쓴대요. 그래서 여름이 끝날 무렵부터 모기들의 공격이 더 심해지고, 모기의 계절이 가을까지 이어지게 된 거죠.

덥고 습한 열대 지역에서 다양한 감염병을 옮기던 모기가 점점 위도가 높은 지역으로 서식지를 넓혀 가고 있기도 하죠. 그래서 유럽에서 모기를 걱정하는 뉴스가 나온 거예요. 모기 서식지가 넓어지고 모기의 시간이 길어지면 우리 건강이 위험해집니다. 모기는 전염성 질병을 매개하는 대표적인 곤충입니다. 모기가 옮기는 **감염병**으로는 일본뇌염, 지카바이러스 감염

증을 비롯하여 뎅기열, 황열, 말라리아, 치쿤구니야열, 웨스트

나일열 등이 있습니다. 대부분이 치료제가 없는 질병이지요.

　말라리아를 예로 들어 보죠. 세계보건기구의 '2022년 세계 말

라리아 보고서'를 보면, 전 세계 말라리아 환자는 2억 4,100만

명이며, 이 가운데 95%가 아프리카에서 발생했어요. 사망자

는 62만 명이었는데, 안타깝게도 5살 미만 아이들이 77%였어

요. 말라리아에 걸리면 고열과 오한, 설사 등의 증상이 나타나

며 심하면 정신착란 증세까지 보입니다. 치명률이 높지는 않

지만, 제때 치료하지 않으면 증상이 악화하고 특히 아이들에

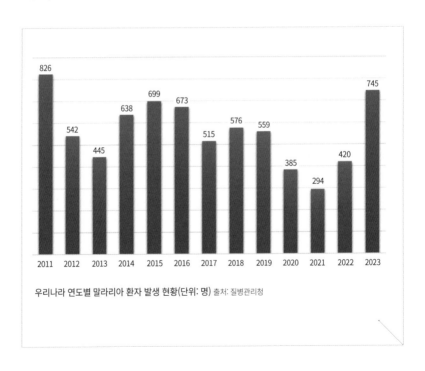

우리나라 연도별 말라리아 환자 발생 현황(단위: 명) 출처: 질병관리청

게 위험하죠.

유엔 기후보고서는 말라리아 발생이 2050년이 되면 두 배 늘어날 것이라고 경고합니다. 온난화로 북반구 중위도 지역이 모기가 살기 좋은 기후로 변할 것이라는 예상 때문이지요. 이에 따라서 온난한 중위도 지역뿐 아니라 덴마크, 핀란드, 스웨덴 같은 북유럽 국가에서도 모기 개체수 변화와 감염병 발생을 주의 깊게 지켜보기 시작했어요.

중위도 지역인 우리나라에서도 모기로 인한 감염병이 늘어날 것이란 예측이 나옵니다. 1년 중 가장 추운 1월 평균기온이 영상 10도를 넘어서면 동남아시아에서 유행하는 뎅기열이 우리나라 남부 지방 풍토병이 될 수 있다는 경고가 있었어요.

2023년 기준 부산, 울산, 경남의 과거 30년 1월 평균기온은 2~3도 수준입니다. 이 정도면 모기가 낳은 알은 월동이 가능하지만, 성충은 살아서 겨울을 나지 못해요. 동남아시아에서 뎅기열에 걸린 환자를 문 모기가 우리나라까지 날아와 바이러스를 옮길 수는 있지만, 겨울을 지나면서 바이러스를 보유한 모기는 사라집니다. 그래서 아직은 해마다 발생하는 풍토병이라고 말할 수 없어요. 그러나 1월 평균기온이 더 오르면 이론적으로는 뎅기열 바이러스를 가진 모기가 동남아에서 우리나라로 날아와서 월동에 성공할 수 있습니다.

 기상청 자료를 보면, 2023년 1월 전국 평균기온은 영하권이었지만 1월 중순 경상남도 진주시는 20.1도, 남해군은 19.9도, 여수시는 18.4도를 기록하는 등 이상고온현상이 나타났어요. 제주도는 최근 10년 기준 1월 평균기온이 이미 영상 7~8도를 넘었죠.

 "모기 따위가 내 삶을 어떻게 바꾸겠어?" 하고 대수롭지 않게 여기면 곤란해요. 모기가 세상을 바꿀 수도 있거든요. 몇몇 국가에서는 유전자 변형을 한 모기를 태어나게 해 흡혈하는 모기의 씨를 말리는 방법을 모색하고 있습니다. 이를 위한 연구비로 수조 원의 예산이 소요되는 실정이지요. 온난화 등 기후변화가 매우 강력한 연결 고리로 작용하여 모기 서식지가 넓어지고, 그로 인한 감염병 확산이 염려되기 때문이에요.

 감염병이 사회에 퍼지면 이를 치료하기 위해 막대한 사회적 비용과 희생을 치러야 합니다. 감염병에 대응하기 위해 사회의 많은 자원을 끌어다 쓰면 다른 질병을 치료하기 위한 의료 자원의 배분이 어려워져 그 병에 걸리지 않은 사람도 피해를 봅니다. 우리가 코로나19 대응 과정을 통해 확인한 현상이지요. 그 과정에서 겪은 사회적 혼란과 재앙적 상황이 얼마나 고통스러웠는지 지금도 생생하게 기억납니다.

전문가들은 모기뿐 아니라 질병을 매개하는 다른 곤충과 동물의 활동 반경도 넓어질 수 있다고 경고합니다. 그 경고가 현실이 된다면, 인간이 맞닥뜨린 적 없는 질병에 노출되기도 쉬워질 거예요.

흰개미가 문화재를 위협한다

문화재청, 기후변화로부터 국가유산 보호하기 위한 종합 계획 수립

문화재청이 기후 재난으로부터 국가유산을 보호하기 위해 '국가유산 기후변화 대응 종합 계획'을 수립했습니다.

문화재청에 따르면, 앞으로 기후변화로 인한 문화재 피해 유형은 더욱 다양해질 전망입니다. 2011년부터 2022년 사이 전국의 목조 문화유산 927건을 조사한 결과, 이 중 4분의 1인 236건이 흰개미 등으로 인한 피해를 보았습니다.

우리 정부에서 기후변화 문제를 담당하는 주 부처는 환경부와 산업통상자원부입니다. 환경부는 온실가스를 줄이기 위한 여러 정책을 시행합니다. 수해나 폭염을 막기 위한 노력도 하죠. 에너지 정책을 담당하는 산업통상자원부는 석탄 발전소를 줄이고 그 빈자리를 재생에너지 등으로 채우는 정책을 추진합니다.

기후변화가 우리에게 미치는 영향이 막대하다 보니, 직접 관련이 없는 부처들도 비상 대응책을 마련하고 있습니다. 지금은 국가유산청으로 이름을 바꾼 문화재청도 2023년 7월에 기후변화 대응 종합 계획을 발표했어요.

국가유산청이 조사한 결과 최근 20년간 강력한 태풍으로 인해 우리 문화재 522건이 피해를 봤어요. 호우로 인한 피해도 447건에 달합니다. 2022년 9월에는 초강력 태풍 힌남노로 경주 불국사 극락전의 기와가 훼손되고 국보인 석굴암의 일부 건물도 파손됐습니다. 2023년 7월에는 폭우로 유네스코 세계문화유산인 공주 공산성 일대가 물에 잠겼죠.

해인사 장경판전. 나무로 지은 문화재는 흰개미 공격에 취약하다. © Amlou2518

눈에 잘 보이지 않는 **흰개미**의 습격도 심각합니다. 흰개미의 주식은 셀룰로스, 즉 식물의 섬유질입니다. 과일나무나 채소, 곡물은 물론 종이나 식물성 섬유로 만든 옷, 목재 건물까지 모두 흰개미의 밥인 거죠.

조선 왕궁이나 사찰 등 목재로 만든 우리 전통 유산도 흰개미한테는 그저 먹이로 보일 뿐입니다. 우리나라에 서식하는 흰개미들은 주로 깊은 산속에 있는 인적 드문 절로 몰려가 사각사각 기둥을 갉아 먹는 걸 좋아해요. '목조건물 저승사자'라는 별명이 붙을 정도지요.

과거에도 흰개미들이 있었어요. 문제는 지구온난화로 기온이 오르면서 흰개미 활동 기간과 범위가 늘어났다는 겁니다. 한 연구에 따르면 과거 30년(1920~1949년)에는 흰개미의 연평균 활동 일수가 212일이었는데, 최근 30년(1990~2019년)에는 228일로 2주 이상 늘었어요. 두 기간의 1월 평균기온을 비교해 보니 최근 들어 2.1도 올랐습니다.

흰개미는 너무 추우면 땅속 깊이 들어가 추위를 피합니다. 그런데 겨울이 따뜻하고 살 만하니까 밖으로 나와 활동하게 된 거죠. 이에 따라서 흰개미가 한 해에 먹어 치우는 목재의 양도 12.7% 증가했습니다. 언뜻 보면 작은 차이 같지만 사실 엄청난 변화예요. 번식력이 강한 흰개미들의 활동 기간이 길어질수록 그만큼 흰개미 수가 크게 증가하기 때문이죠.

중요한 문화재들도 흰개미의 습격을 받았습니다. 팔만대장경을 보관하는 합천 해인사의 장경판전과 양산 통도사의 대웅전이 피해를 봤어요. 이순신 장군의 전공을 기념하는 국보인 통영 세병관의 나무 기둥은 한때 흰개미가 심하게 갉아 먹어 속이 다 보일 정도였지요.

온난화로 우리나라 기후가 흰개미가 살기 좋게 바뀌면서 외래종 흰개미의 침입도 늘어나고 있어요. 이들은 목조 문화재뿐만 아니라 목조 주택까지 위협합니다. 2023년 5월에는 서울 강남, 9월에는 경남 창원의 주택가에서 미국 캘리포니아 출신 '인키시테르메스 미노르'라는 흰개미가 발견됐어요. 토종 흰개미는 주로 습한 환경에 살며 땅에 접촉한 목조건물을 갉아 먹지만, 외래종은 생존력이 더 강해 어디서든 목조 구조물을 갉아 댈 수 있습니다. 외래종 흰개미는 약 10년 전에 우리나라로 들어와 정착했을 가능성이 높습니다.

국가유산청 직원들과 전문가들은 흰개미 피해를 막기 위해 다양한 노력을 하고 있어요. 우선 2011년부터 매년 꾸준히 문화재 피해를 전수 조사하고 있습니다. 흰개미를 탐지하는 초

음파 장비인 '터마트랙'을 활용해 문화재 곳곳을 탐색하지요.

기계가 놓칠 수 있는 흰개미는 흰개미 탐지견이 잡아냅니다. 탐지견은 흰개미가 뿜어내는 고유한 냄새를 구분하여 흰개미와 그 서식지를 기가 막히게 찾아냅니다. 2023년 현재 우리나라에서 활동하는 흰개미 탐지견은 잉글리시 스프링어 스패니얼 종입니다. 흰개미 탐지견 '봄이'의 훈련사님에 따르면, 탐지 업무가 점점 늘어나고 있어 더 많은 탐지견 동료가 필요한 상황이라고 하네요.

흰개미가 문화재를 갉아 먹지 않도록 방충 작업도 진행 중입니다. 주된 방법은 목조 문화유산에 살충제를 투입하는 훈증 소독이나, 습기를 제거하는 방부 처리 등입니다. 흰개미들이 주로 땅에서 건물로 침투하기 때문에 건축물 주변 토양에 살충제를 투입하기도 하죠. 다만 살충제 역시 독성이 있다 보니 흰개미를 잡다가 토양이 오염되는 부작용이 나타날 수도 있어 주의가 필요하다고 합니다. 기후변화로 발생한 문제를 해결하려다 또 다른 환경문제가 생기면 안 되니까요.

온실가스 배출량을 줄이는
슬기로운 인터넷 사용법

화상회의 때 카메라를 끄면 탄소 발자국이 줄어든다
온라인 회의를 할 때 화면을 끄고 오디오로만 대화를 나누면 탄소
배출량과 물 사용량 등 각종 환경 발자국이 많이 감소한다는 연구
결과가 나왔습니다.
2021년 미국 퍼듀대·예일대·매사추세츠공대의 연구진이 발표한
논문에 따르면, 온라인 회의에서 카메라를 켜고 실시간으로 영상을
중계하면, 1인당 1시간에 약 150g의 이산화탄소가 발생합니다. 그러나
카메라를 끄면 데이터 전송량이 크게 줄어 탄소 배출량이 90% 이상
줄어들 것으로 추정됐습니다.

코로나19 팬데믹은 우리 삶을 크게 바꿔 놓았습니다. 사회
적 거리 두기로 학교와 기업이 잠시 문을 닫았지만, 교실과
사무실은 온라인 공간에서 계속 유지됐죠. 여러분도 화상회
의 프로그램을 사용해 집에서 수업을 듣고, 회의를 한 적이
많을 겁니다.
전 세계에서 벌어진 거리 두기는 생각지 못한 결과를 낳았습

니다. 코로나19가 시작된 2020년, 전 세계 이산화탄소 배출량은 340억 톤으로 2019년보다 약 7%(26억 톤)가 줄었거든요. 공장이 멈추고, 물류 유통이 줄어드는 등 각국의 경제활동이 둔화한 결과죠.

화상회의도 여기에 일조했어요. 정확히는 수많은 사람이 출퇴근하지 않고 집에 머무른 게 큰 역할을 한 거죠. 승용차와 대중교통 운행량이 많이 줄어들고, 대형 건물에 많은 사람이 모여 전기를 소비하는 일도 사라졌으니까요.

코넬대 연구진이 이에 대해 연구했는데, 대면 회의를 온라인 회의로 전환할 경우, **탄소 발자국**은 94%, 에너지 사용량은 90%나 주는 것으로 분석됐어요. 회의 참석 인원을 오프라인 절반, 온라인 절반 등으로 구성하더라도 100% 대면 회의에 비해 탄소 발자국과 에너지 사용량이 3분의 2로 줄어듭니다.

엑스포와 같은 국제 박람회나 산업별 전시회, 전문가들의 국제 학회 등 과거 글로벌 회의 산업에서 발생하는 연간 온실가스 배출량은 미국 전체의 연간 배출량과 비슷한 수준이었어요. 여러 나라 사람들이 비행기와 자동차를 타고 박람회장으로 이동했으니까요. 물론 코로나19 팬데믹 이후에는 크게 줄었죠.

하지만 온라인 회의에서도 온실가스는 배출됩니다. 사실 우리가 사용하는 모든 인터넷 서비스가 탄소 중립과는 거리가 멀죠. 위 기사에 나온 연구진들은 우리가 인터넷 1GB를 사용할 때마다 이산화탄소 28~63g이 배출된다고 분석했어요.

이는 방대한 양의 데이터를 저장하고 가공하는 인터넷의 뇌, 데이터센터를 가동하는 데 어마어마한 양의 전력이 소모되기 때문이에요. 데이터센터에서는 24시간 내내 서버와 데이터 저장 장치를 가동합니다. 내부 온도와 습도를 일정하게 유지하기 위한 온도 조절 장치도 사용합니다. 이러다 보니 센터 1곳당 연간 25GWh의 전력을 소비하죠. 4인 가구 약 6,000세대가

탄소 발자국을 줄이는 화상 국제회의. 화면을 끄면 탄소 발자국이 더 작아진다. © President.az

1년 동안 사용하는 전력량과 비슷해요. 데이터센터가 괜히 '전기 먹는 하마'로 불리는 게 아니죠.

데이터센터에서 사용하는 전기를 모두 온실가스 배출이 거의 없는 재생에너지로 만든다면 걱정할 필요는 없을 거예요. 하지만 아직 대다수 데이터센터가 화석연료로 만든 전기를 사용합니다. 프랑스의 기후 싱크탱크인 더 시프트 프로젝트(The Shift Project)는 디지털 기술 관련 온실가스 배출량이 전 세계 배출량의 4%를 차지하는 것으로 추정했어요.

데이터센터의 전력 소모량은 데이터를 실시간으로 전송할 때 더 커집니다. 우리가 자주 보는 스트리밍 영상이 바로 그런 방식입니다. 연구진이 분석한 여러 애플리케이션 중 유튜브가 탄소 배출량 1위를 차지했어요. 유튜브 영상을 1시간 동안 고화질로 볼 경우 최대 1,005g의 이산화탄소가 배출된다고 하네요.

탄소 배출량 2위 앱은 넷플릭스였어요. 1시간 동안 UHD 또는 4K 고화질 영상을 보면 441g의 탄소가 배출됩니다. 하루에 4시간씩 넷플릭스를 보면 한 달에 약 53kg의 탄소를 배출합니다. 휘발유차를 타고 서울에서 대구까지(237km) 갈 때 배출되는 탄소와 비슷한 수준이에요.

화상회의 앱인 구글미트와 줌은 각각 3위와 4위를 차지했어요. 회의 참가자들이 카메라를 켜면 이들의 영상이 실시간으로 중계되기 때문이에요. 각 영상의 화질이 높진 않지만, 수많은 사람이 동시에 영상 스트리밍을 사용해서 배출량이 많은 거예요.

연구진들은 왜 이런 연구를 했을까요? 디지털 기술이 환경에 미치는 영향을 알고 어떻게 줄일지 관심을 가져야 한다고 생각했기 때문이라네요. 우리가 인터넷 사용 방식을 바꾸는 건 매우 작은 행동이지만, 여러 명이 습관을 바꾸면 무시할 수 없는 변화가 된다는 거죠.

어떤 사람이 넷플릭스로 하루에 4시간, 약 한 달 동안 고화질 영상을 시청하면 53kg의 탄소가 배출될 거예요. 그런데 이 사람이 일반 화질로 영상을 보기만 해도 배출량은 2.5kg로 줄어들어요. 연구진은 넷플릭스 가입자를 약 7,000만 명이라고 가정한 뒤 이들이 일반 화질로 영상을 볼 경우 탄소 배출량을 무려 350만 톤이나 줄일 수 있다고 분석했어요. 이는 미국의 한 달 석탄 사용량의 6% 달하는 170만 톤의 석탄을 덜 쓰는 것과 같은 효과입니다.

최근 챗GPT 같은 인공지능이 빠른 속도로 발전하고 있는데,

영상 스트리밍과는 비교할 수 없는 막대한 탄소를 배출합니다. AI가 엄청난 양의 데이터를 학습하기 때문이지요. 구글의 AI 모델을 한 번 훈련할 때마다 여객기 한 대가 뉴욕과 샌프란시스코 사이를 왕복 비행할 때와 맞먹는 이산화탄소가 배출된다는 분석도 있어요.

이 문제를 근본적으로 해결하려면 데이터센터에 사용하는 전력을 바꾸는 수밖에 없습니다. 구글이나 아마존, 마이크로소프트 등 빅테크 기업들은 데이터센터에 필요한 에너지를 2025~2030년 사이에 100% 재생에너지로 조달하겠다는 목표를 세웠습니다. 이 기업들은 목표 달성을 위해 풍력, 태양광 등에 투자하고 있으며, 재생에너지가 풍부한 덴마크와 네덜란드로 데이터센터를 옮기기도 하죠.

이들의 노력이 성공하면 조만간 우리는 온실가스 걱정 없는 깨끗한 인터넷을 사용할 수 있을 거예요. 하지만 완전한 에너지 전환까지는 아직 많은 시간이 걸리는 만큼, 이제부터 조금씩 저화질 영상 시청 습관을 들여 보는 건 어떨까요?

쓰레기

쓰레기 청소에 나선 세계 시민들

호수 바닥에서 나온 타이어와 소풍용 테이블

미국 위스콘신주의 대학생들이 2023년 여름방학 동안 일주일에
4번씩 호수 바닥의 쓰레기를 건져 올렸습니다. 일회용 플라스틱병부터
오븐과 소풍용 테이블까지, 호수 바닥보다는 가정집 뒷마당에 있을 법한
물건들이 나왔습니다.

여름내 이들이 미시간호에서 건져 낸 쓰레기가 3,000㎏이 넘습니다.
한 연구에 따르면, 해마다 미시간호를 포함하여 오대호로 유입되는
플라스틱 쓰레기가 1만 톤에 달합니다.

이 지역의 대학과 커뮤니티, 업계, 학계는 힘을 합쳐 수년 전부터 모임을
만들어 호수를 청소하고 있습니다.

플로깅(Plogging). 운동을 하면서 보이는 쓰레기를 줍는 활동
이죠. 줍는다는 뜻의 스웨덴어 '플로카 우프(plocka upp)'와 가
볍게 뛰는 운동을 가리키는 영어 '조깅(jogging)'을 합친 말입니
다. 우리나라에서는 쓰레기 줍기와 조깅을 합쳐 '줍깅'이라고
부르기도 하죠.

달리기에 허리를 굽히는 동작이 추가되고 무거운 쓰레기봉투도 들어야 하니까 같은 시간에 운동이 더 되는 효과가 있습니다. 30분 동안 조깅을 하면 235칼로리 정도 소모되는데, 플로깅을 하면 288칼로리까지 늘어난다고 하네요. 요즘엔 조깅뿐 아니라 자전거 타기, 수영, 골프 등의 운동 등을 하면서도 쓰레기를 줍자는 플로킹, 플로밍, 플로핑까지 등장했습니다.

전 세계로 퍼진 플로깅. 나이지리아
플로깅 로고 © Plogging Nigeria Club

플로깅이라는 개념이 세상에 나타난 건 2016년 스웨덴이었습니다. 에릭 알스트룀(Erik Ahlström)은 인구가 고작 1,000만 명인 스웨덴에서 매일 담배꽁초가 270만 개씩 길거리에 버려지는 게 문제라고 느끼고 있었습니다. 그러던 어느 날 매일 출퇴근하던 산길에 버려진 쓰레기를 몇 주째 아무도 줍지 않는 걸 보고 심각성을 깨닫게 됐죠. 알스트룀이 친구들과 달리면서 즐겁게 쓰레기를 줍는 모습이 알음알음 알려지면서 플로깅이 전 세계로 퍼져 나갔습니다.

몸에도 좋고 즐겁게 할 수 있는 운동은 많이 있죠. 플로깅이

전 세계 사람들의 참여를 끌어낸 건 우리가 쓰레기 속에 살고 있다는 공감 덕이 아니었을까요?

사실 전 세계 곳곳이 쓰레기로 몸살을 앓고 있습니다. 사람들의 발이 닿는 곳이라면 어디에나 쓰레기가 있습니다. 망망대해 한가운데부터 심지어 지구 밖 우주까지요. 세계의 지붕 히말라야도 쓰레기 문제를 피하지 못했습니다. 에베레스트산 베이스캠프와 정상에 산소통, 플라스틱병, 컵라면 용기, 과자 껍데기가 널브러져 있는 모습에 많은 사람이 충격을 받았죠.

에베레스트산 베이스캠프. 많은 사람이 모이는 만큼 쓰레기도 많이 발생한다. © Daniel Oberhaus

심지어 사용했던 텐트마저 그대로 두고 가기까지 했습니다. 쌓여 있는 쓰레기가 몇 톤씩 되다 보니 수거해 오는 데도 한계가 있습니다.

하도 쓰레기를 버리고 가니 네팔 등산협회는 히말라야산맥을 등반하려면 최대 530만 원의 쓰레기 보증금을 내도록 했습니다. 쓰레기를 적절하게 관리하거나 처리할 경우만 환불받을 수 있습니다. 그러나 후원을 받는 전문 등반가들은 쓰레기 보증금을 돌려받으려 하기보다 그대로 버리고 가는 경우가 여전히 많다네요.

쓰레기를 꾸준히 줍다 보면 또 다른 고민을 하게 됩니다. 매일 주워도 도무지 줄어들지 않는 이 쓰레기들, 도대체 어디서 오는 걸까요? 뉴스에 나온 미국 위스콘신주 사람들도 이 같은 고민을 한 듯합니다. 위스콘신주 사람들이 수년째 호수에서 쓰레기를 건져 올리면서 쓰레기 유입 경로와 재질 등을 분석하기 시작했어요.

하나하나 뜯어보니 호수 바닥에 가라앉은 쓰레기에 어떤 경향이 있다는 걸 알게 됐어요. 가령 가을철에는 플라스틱으로 된 총기류 쓰레기가 늘어났습니다. 식품이나 음료수 포장지, 담배꽁초, 낚싯줄과 같은 쓰레기들은 바람, 폭풍 등에 휩쓸려 호수로 들어온다는 사실도 알아냈죠. 또 한 가지, 가정에서 나오는 쓰레기 못지않게 공업용 쓰레기가 차지하는 비중이 작지 않다는 점도 알게 됐습니다. 공업 지역 근처 호수에서는 플라스틱을 만드는 재료인 펠릿이 쓰레기로 많이 나왔거든요.

플로깅은 쓰레기를 줍는 데 그치지 않고 쓰레기를 줄이자는 캠페인으로 이어지기도 합니다. 우리나라에는 와이퍼스라는 모임이 있습니다. 달리기를 좋아하는 사람들이 삼삼오오 모여 출퇴근길이나 주말에 모은 쓰레기를 인증하는 걸로 시작한 모임입니다. 이들은 마라톤 대회에서 나오는 쓰레기에 주목했습니다. 수백 명에서 수천 명이나 되는 참가자들이 마시고 휙 던져 버린 종이컵과 생수병들을 없애 보기로 했습니다. 이들은 2023년 하반기부터 마라톤 대회에서 일회용 대신 다회용 컵을 쓰는 급수대를 만들고 있습니다.

운동하는 김에 쓰레기를 줍는다는 것, 말로는 쉽지만 실천에 옮기기는 쉽지 않죠. 그 뜻에 동의하더라도 자신의 시간과 정성을 들여야 하니까요. 쓰레기 줍기를 거창하고 번거로운 숙제가 아니라 자기 일상의 한 부분으로 끌어들였다는 점에서 플로깅은 훌륭한 기후 운동으로 평가받습니다.

그렇지만 언제까지고 쓰레기 문제에 눈뜬 일부 사람의 선의

에만 기댈 수는 없겠죠? 매일 새롭게 쌓이는 쓰레기들이 어디서 비롯되는지, 줄일 수 있는 쓰레기는 없을지 고민하지 않고 쓰레기만 줍는다면 자칫 밑 빠진 독에 물 붓기가 될 수 있습니다. 각자 일상에서, 그리고 더 나아가 지역 공동체와 사회에서 쓰레기를 줄이려는 노력도 수반돼야 합니다.

플라스틱 쓰레기로
신음하는 바다

바다에 쓰레기를 버리는 건 합법이었어요

"정부는 1997년부터 육상 오염을 방지하기 위해 사실상 해양에
쓰레기를 버리라고 유도했습니다. 그런데 2006년 갑자기 예고도 없이
해양오염을 막겠다며 배출량을 줄이는 정책을 발표했어요. 지난 정부가
규정한 해양 쓰레기 배출량 허용량이 초과해 폐기 업체들이 폐수를
받지 않으려 하자 도시 주택가에 한동안 악취가 진동했습니다. 우리는
자연정화가 가능한 유기물을 일정한 처리를 거쳐 바다에 배출하고
있습니다."

이 뉴스는 2009년에 해양배출협회장이 언론과 인터뷰한 내
용입니다. 그때는 바다에 쓰레기를 버리는 게 합법이었어요.
바다에 쓰레기를 버리는 업체들이 모여 협회까지 만들었을 정
도로 당시에는 일상적인 행위였습니다. 식품, 화학, 제지 대기
업들도 제품 생산과정에서 나온 쓰레기를 이 협회 소속 업체
에 맡겨 바다에 버렸죠.

물론 모든 쓰레기를 아무렇게나 버린 건 아니었어요. 플라

스틱이나 고철, 중금속 등 무기물 쓰레기를 버리는 건 그때도 불법이었습니다. 축산 폐수, 생활하수와 일부 산업 폐수 찌꺼기, 음식물 처리 폐수 등 유기물만 버릴 수 있었어요. 이런 유기물질은 바다의 미생물이 분해해 없앨 수 있다는 게 협회 측 주장이었죠.

이런 항변이 근거가 전혀 없지는 않아요. 실제로 바다엔 자정 능력이 있습니다. 바다에 사는 수십억 미생물들이 폐기물을 분해하고, 거대한 물이 순환을 반복하며 인류가 버린 오염 물질을 희석할 수 있죠. 문제는 우리가 버려도 너무 많이 버렸다는 거죠.

해양배출협회는 1988년부터 2013년까지 약 1억 3,000만 톤의 폐기물을 바다에 버렸습니다. 그 결과 폐기물을 버린 해역에서 카드뮴이나 납 같은 중금속 수치가 높아졌다는 연구가 쏟아졌어요. "유기물이 분해되더라도 수중 산소 고갈, 유해 물질 축적 등 문제가 발생할 것이다."라고 경고했던 환경 단체의 주장이 사실로 드러난 셈입니다. '이 정도는 버려도 괜찮다'는 생각은 사실 안일한 착각일 뿐이었죠. 결국 2016년 폐기물 해양 투기는 금지됐어요.

금지 과정이 평탄하지는 않았습니다. 당시 기업들은 "쓰레기 버릴 곳이 없어져 처리 비용이 늘고 육지가 쓰레기로 가득 찰 것이다."라며 반발했죠. 그러나 현시점에서 돌이켜 보면, 폐기물 해양투기 기업들이 경고했던 무지막지한 파국 같은 건 지금까지도 일어나지 않았어요.

하지만 여전히 바다는 쓰레기 문제로 신음하고 있습니다. 더 크고 근절하기 힘든 문제, 플라스틱 쓰레기가 남아 있거든요. 2016년에 유엔은 해마다 전 세계에서 플라스틱 쓰레기 800만 ~1,400만 톤이 바다로 유입되고 있다고 파악했습니다. 바다로

라이산섬. 하와이 호놀룰루에서 1,500㎞나 떨어진 무인도 해변도 플라스틱 쓰레기로 뒤덮였다.
© U.S. Fish and Wildlife Service Headquarters

흘러든 플라스틱이 해류를 타고 태평양에 모여 우리나라 면적 16배에 이르는 쓰레기 섬이 생기기까지 했죠. 분해돼 사라지지 않는 플라스틱이 수십 년간 쌓이다 보니 거대한 섬을 이루게 된 거죠.

해양생태계도 플라스틱 때문에 혼란을 겪고 있어요. 해안가 바위에 붙어 사는 따개비가 태평양 한가운데 떠 있는 플라스틱에서 발견되기도 했지요. 살 곳이 늘어났다고 따개비가 좋아할까요? 연안 생물이 원양 생태계에 어떤 영향을 미칠지 알 수 없습니다. 바닷새, 거북이, 고래 등 해양 생물들도 플라스틱을 먹이로 착각해 먹은 뒤 소화하지 못해 죽어 가고 있죠.

한국해양과학기술원이 2022년에 우리나라 바닷가에서 죽은 바다거북 34마리를 부검해 보니, 28마리에서 플라스틱이 발견되었습니다. 천혜의 자연이 보존돼 있을 것 같은 남해 무인도에도 바다에서 떠밀려 온 온갖 쓰레기들이 악취를 풍기고 있습니다. 인천 앞바다에도 한 해 5,000톤을 넘나드는 쓰레기가 몰려듭니다.

크기가 아주 작은(5㎜ 이하) **미세플라스틱** 문제도 심각합니다. 미세플라스틱은 바다에 버려진 플라스틱이 잘게 쪼개지며 생깁니다. 플라스틱은 크기가 작아도 썩어 분해되지 않으니, 눈에 안 보일 정도로 작은 형태로 바다를 떠돌게 되죠.

이런 미세플라스틱은 생물 건강에 광범위한 악영향을 끼칩니다. 장기와 혈관 등 미세한 곳까지 플라스틱이 침투하기 때문이지요. 유리물벼룩을 미세플라스틱에 노출하자 알의 80% 이상이 부화하지 못했다는 실험 결과도 있습니다.

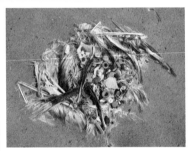
앨버트로스 시체에서 발견된 플라스틱 쓰레기.
앨버트로스는 바다 위를 날며 먹이를 잡는다.
© Forest & Kim Starr

앨버트로스 새끼들은 플라스틱 쓰레기 더미에서
새 삶을 시작한다. © Forest & Kim Starr

미세플라스틱은 우리 밥상까지 침범하고 있어요. 미세플라스틱을 먹은 물고기나 조개를 결국 인간이 먹기 때문이죠. 영국 건강관리청은 미세플라스틱 위험성 탓에 임신부들에게 1주일에 2회 이상 기름진 생선을 먹지 말라고 권고합니다. 우리나라 인천 앞바다도 세계적으로 미세플라스틱 농도가 매우 높은 곳이에요.

이렇게 심각한 바다 플라스틱 쓰레기 문제를 어떻게 해결해야 할까요? 이미 생산된 플라스틱이 바다에 버려지지 않게 단속하는 것은 정말 어렵습니다. 유엔에 따르면, 바다 플라스틱 쓰레기는 육지에서 버린 플라스틱이 강을 타고 흘러든 것이 80% 정도, 어민들이 버린 부표 등이 20% 정도를 차지합니다. 바다로 흐르는 물길을 죄다 감시하고 모든 어민을 단속해야 해양 플라스틱 투기를 막을 수 있는데, 현실적으로 불가능하죠.

유엔이 제시한 해결책은 수도꼭지 잠그기입니다. '플라스틱 생산'이라는 수도꼭지를 잠가야 문제를 근절할 수 있다는 거죠. 이 원칙에 따라 현재 국제사회는 플라스틱 생산 감축을 위한 협약을 맺기 위해 논의하고 있습니다. 플라스틱을 누가, 언제까지, 어떤 방법으로, 얼마나 줄일지 국제 플라스틱 협약을 통해 정하자는 취지입니다.

플라스틱 생산으로 이익을 얻는 국가와 기업은 생산량 감축을 전제로 한 협약 체결에 반대합니다. 플라스틱 생산량을 줄이면 경제가 무너질 것이라고 우려하죠. 대신 재활용과 재사용에 초점을 두어야 한다고 주장합니다. 플라스틱의 주요 원료인 에틸렌 생산량이 세계 3위인 우리나라는 아직 정확한 입장을 정하지 못했습니다.

　플라스틱 협약에 반대하는 기업 주장을 듣다 보면 과거 유기물질 해양투기를 불법화하던 때 있었던 반발이 떠오릅니다. 그때도 "경제가 무너진다."라는 경고가 쏟아졌었죠. 하지만 현재 폐기물 처리 업체들은 쓰레기를 안정적으로 처리하고 있습니다. 폐기물 처리에 더 많은 자금을 투입한 결과이지요. 기업들 부담은 커졌지만, 바다는 그만큼 더 안전해졌습니다. 플라스틱 폐기물 문제에서도 더 안전한 바다를 위해서는 어떤 선택이 옳을지 명확해 보입니다.

　몇 년 전 강릉에서 어린이를 인터뷰한 적이 있습니다. 그 아이는 "언젠가 바다가 쓰레기로 가득 찰 것만 같다."라고 했습니다. 매주 해변 청소 봉사를 하는데 도무지 쓰레기가 사라지지 않아 바다가 걱정된다는 얘기였습니다. 그 후 저도 가끔 쓰레기가 넘실대는 바다를 떠올리곤 합니다. 참 고통스럽죠. 그 친구 마음에 깨끗한 바다가 한가득 차오를 날이 올까요?

패션쇼에 숨겨진 탄소 발자국

탄소 배출과 쓰레기 생산 주범으로 지목받는 패션쇼

패션 위크 기간이 오면 뉴욕, 파리, 밀라노 등 패션쇼가 열리는 도시로
전 세계 사람들이 모여듭니다. 이들이 비행기로 이동하며 탄소를
배출하고, 먹고 자고 지내면서 엄청난 쓰레기가 발생합니다. 화려한
축제가 끝나면 무대 장치들은 그대로 쓰레기통으로 직행합니다.
2018년 한 해에 뉴욕, 파리, 런던, 밀라노 등 이른바 4대 패션 위크에
참석한 이들이 배출한 탄소가 약 24만 1,000톤에 달하는 것으로
추산됐습니다. 밤마다 에펠탑을 밝히는 조명을 무려 3,060년간 켤 때
배출되는 탄소와 맞먹는 양입니다.

1년에 두 번, 옷 좀 입는다는 사람들의 관심이 쏠리는 패션쇼
가 열립니다. 패션 브랜드들이 다음 계절의 유행을 제시하면
서 새로운 옷을 선보이는 장이죠. 그런데 뉴스에 나온 것처럼
패션쇼가 기후 악당의 하나로 지목받고 있습니다.

2020년, 덴마크 수도 코펜하겐에서는 아주 특별한 **지속 가능
패션 위크**가 처음 열렸습니다. 주최 측은 온실가스 감축 노력을

하지 않은 옷은 무대에 세우지 않겠다고 했습니다. 이런 기준을 내세운 건 코펜하겐 패션 위크가 처음이었어요.

여기에 참가하려는 브랜드는 까다로운 조건을 지켜야 해요. 옷 절반 이상을 재활용하거나 재사용한 소재로 만들어야 합니다. 또 화석연료에서 뽑아낸 합성섬유보다 잘 썩는 생분해, 식물성 소재가 권장됩니다. 가죽과 모피는 아예 금지되지요.

무대 장치에도 일회용 플라스틱을 사용하면 안 되고 소비자들에게 '오래 입기'의 가치를 알려야 합니다. 또 팔리지 않은 새 옷을 버리는 브랜드는 참여할 수 없습니다. 실제로 18가지의

저가 옷을 대량으로 생산하는 패스트 패션. 그만큼 많은 옷이 버려진다.

최소 기준을 충족하지 못한 2개 브랜드는 2023년 가을/겨울 코 펜하겐 공식 패션쇼에 새 옷을 선보이지 못했어요.

하지만 이런 노력만으로는 패션 산업이 **기후 악당**이라는 오 명을 벗을 수 없습니다. 진짜 문제는 숨 가쁘게 바뀌는 유행에 따라 끊임없이 새로 만드는 옷에 있거든요.

전 세계 온실가스 배출량(2020년 기준) 중 4~10%, 수질 오염 중 20%가 섬유 및 패션 산업에서 비롯됩니다. 세계자연보전연맹 에 따르면 해양 미세플라스틱 중 35%가 의류 등을 세탁할 때 떨어져 나온 것입니다.

지구를 오염시키면서 지은 옷 가운데 상당수는 금방 버려집 니다. 이른바 **패스트 패션*** 때문입니다. 일반 의류 업체는 계절 마다 신상품을 내놓지만, 패스트 패션 업체들은 1~2주 간격으 로 신상품을 내놓습니다.

대표 패스트 패션 기업으로 H&M, 유니클로, 자라, 스파오 등이 있죠. 이런 업체들은 소재보다는 디자인을 우선시하고 가격이 저렴한 옷을 시장에 내놓습니다. 소비자는 싼 옷을 부 담 없이 사들이고, 유행이 바뀌거나 옷이 조금이라도 해지면

패스트 패션(fast fashion)
시시각각 바뀌는 유행을 따라 짧은 주기로 옷을 내놓는 패션 산업을 가리키는 말.

부담 없이 버립니다. 이렇게 버린 옷들은 어디로 향할까요?

우리가 헌 옷 수거함에 넣거나 기부한 옷 가운데 비교적 양호한 옷은 국내 중고 시장에서 판매됩니다. 여기서 팔리지 않은 옷은 해외로 수출됩니다. 해외 중고 시장에서마저 선택받지 못한 옷의 종착지는 결국 쓰레기장입니다. 아프리카나 남아메리카의 개발도상국에 전 세계에서 버린 옷들이 모인 옷 무덤이 생기고 있습니다. 칠레의 아타카마사막에는 해마다 약 4만 톤씩 옷이 버려집니다. 이 옷들이 쌓여 어느덧 축구장 9개 넓이에 이르렀습니다. 우주에서 찍은 위성사진으로도 보인다네요.

패션 업체들도 옷을 버립니다. 새 옷이 인기가 없거나 수요를 잘못 예측하면 남는 옷이 생기기 때문이지요. 전 세계에서 매년 1,000억 벌가량 생산하는 새 옷 가운데 약 800억 벌만 판매됩니다.

팔지 못한 새 옷을 버리는 건 국내 패션업계의 공공연한 비밀입니다. 쓰레기를 처리하는 업체들이 '보안 폐기'라는 실적을 홍보하는데, 여기서 '보안 폐기'란 비밀리에 옷을 불태우거나 잘라 없애 준다는 의미입니다.

명품 업체들은 브랜드 이미지 하락을 방지하기 위해서 새 옷을 폐기합니다. 2018년에는 버버리가 판매되지 않은 의류와 액

세서리, 향수 등을 불태운다는 사실이 알려져 논란이 일었죠. 2017년 한 해에만 소각한 재고 상품이 당시 돈으로 2,860만 파운드(약 415억 원)나 됐거든요.

의류 업체로서는 팔리지 않은 새 옷을 창고에 보관하는 것보다 버리는 편이 비용이 덜 듭니다. 또 새 옷을 버리면 세금이 절감되는 효과도 있습니다. 새 옷은 재고, 즉 재산이라서 폐기하면 회계상 손실로 처리됩니다. 그만큼 수익이 줄어서 세금을 덜 내도 되죠.

적어도 새 옷을 버리는 건 피해야 한다는 공감대가 형성되고 있습니다. 2020년, 프랑스는 판매되지 않은 옷의 폐기를 금지하고 기부하거나 재활용하도록 했습니다. 이를 지키지 않을 경우, 개인은 최대 3,000유로(430만 원), 법인은 최대 1만 5,000유로(2,150만 원)의 벌금을 내야 합니다. 독일은 과잉 생산, 미판매 제품, 반품 등에 대한 '주의 의무'와 '보고 의무'를 뒀습니다. 폐기하는 옷의 수량, 소재 등을 반드시 문서로 남기라는 겁니다.

우리나라에서는 얼마나 많은 새 옷이 버려지는지 정확히 파악하기 어렵습니다. 새 옷은 폐기물이 아니라 재고, 즉 재산이기 때문입니다. 쓰레기를 얼마나 버리는지는 반드시 알려야

"패스트 패션이 기후를 죽인다." 패스트 패션 반대 시위 © Stefan Müller

하지만, 재산을 얼마나 쌓아 뒀는지는 알릴 의무가 없거든요.

패션 산업이 늘 재고 비율이 높다는 점에서 폐기되는 새 옷이 많을 것으로 짐작할 수 있습니다. 2021년 의류업의 재고율은 29.7%에 달합니다. 옷을 100벌 만들면 30벌은 창고에 들어 있다는 뜻이죠. 코로나19가 유행했던 상황을 감안하더라도 전체 제조업 재고율(13%)의 두 배가 넘는 수준이에요. 2012~2021년으로 범위를 넓혀도 의류업 재고율은 항상 20%를 웃돌았습니다.

옷 쓰레기를 줄이기 위해서 우리는 뭘 할 수 있을까요? 가장 좋은 건 적게 사고, 이미 산 옷은 아껴서 잘 입는 겁니다. 이미 옷을 많이 갖고 있다면 옷을 물려 입거나 중고 옷을 사고파는 것도 좋은 방법입니다.

재활용한 소재로 옷을 만들거나 옷을 재활용해 다른 무언가를 만드는 방법도 있어요. 두 가지 방식 모두 이미 현실에 존재합니다. 페트병이나 플라스틱 쓰레기로 실을 뽑아 옷이나 운동화 등을 만들고, 반대로 옷, 현수막 등을 강한 열과 압력으로 압축해서 건축 자재로 쓰기도 합니다.

실은 우리가 입는 옷 다수가 화석연료가 원재료인 합성섬유, 다시 말해 플라스틱과 형제지간입니다. 평소 배달이나 포장을 꾹 참고, 텀블러를 들고 다니면서 플라스틱 쓰레기를 줄이는 편이라면 이참에 옷 다이어트까지 도전해 보길 바랍니다.

쓰레기가 돈인 시대

짐바브웨에서 고속 성장하는 쓰레기 재활용 산업

아프리카 짐바브웨에는 쓰레기 재활용 업체가 200여 개 있습니다.
2019년 약 50개에서 4년 만에 4배나 늘어났습니다. 쓰레기가 돈이
되기 때문입니다. 짐바브웨에서 쓰레기는 ㎏당 35~40센트 정도 값이
나갑니다. 다달이 500㎏씩 쓰레기를 모아 공무원이나 웬만한 중소기업
직원 월급만큼 버는 가족도 있습니다.

단순히 쓰레기를 수거하여 파는 데 그쳤던 업체들이 하나둘 재활용
사업에 뛰어들고 있습니다. 플라스틱 쓰레기로 벽돌을 찍거나 알루미늄
쓰레기로 냄비를 만들면 더 많은 수익을 낼 수 있기 때문입니다.

쓰레기로 돈을 버는 건 짐바브웨에서만 벌어지는 일이 아닙
니다. 우리나라에서도 쓰레기로 돈을 버는, 이른바 쓰테크가
유행하고 있어요. 주민 센터나 전통 시장에 가면, 우유 팩이나
캔, 투명 페트병 등을 넣으면 돈으로 돌려주는 무인 회수기가
있습니다. 겉보기에는 자판기처럼 생겼는데, 재활용 쓰레기를
자동으로 인식해 개당 10원꼴로 돌려줍니다. 재활용 쓰레기를

우리가 버리는 쓰레기도 누군가에게는 돈이 된다. © Marcello Casal Jr

모아 오면 두루마리 휴지나 종량제 봉투 등으로 되돌려주는 지
방자치단체도 있지요.

쓰레기가 곧 돈이라는 것, 실은 우리 모두 알고 있습니다. 그
증거가 우리 생활 곳곳에 있어요. 먼저 돈을 주고 쓰레기를 버
리죠. 일반 쓰레기와 음식물 쓰레기 종량제 봉투를 사잖아요.
우리처럼 돈을 주고 쓰레기를 버리는 국가가 많지 않답니다.
우리나라에서는 1995년에 종량제 봉투 제도가 시작됐어요. 처
음 도입할 때는 난생처음 돈을 내고 쓰레기를 버리게 된 사람

들의 저항이 상당히 컸다고 해요. 그렇지만 어느새 일상의 한 부분으로 안착했죠. 세계적으로 칭찬받는 제도랍니다.

돈 내고 쓰레기를 버릴 수밖에 없는 시대가 되면서 쓰레기를 잘 버려야 한다는 인식도 자연스레 생겼습니다. 봉투가 미어터지도록 쓰레기를 담은 뒤 테이프로 봉투를 막아서 버리는 기상천외한 방법까지 등장했지요. 플라스틱, 캔, 유리병, 종이 등 재활용되는 쓰레기를 최대한 골라내면 일반 쓰레기가 줄어드니 종량제 봉투를 많이 살 필요도 없겠지요.

일반 쓰레기와 분리한 **재활용 쓰레기도 돈이 됩니다.** 골목에서 폐지를 줍는 분들이 있습니다. 간혹 분리배출한 봉투나 상자를 흔들어 보고 캔이나 유리병만 골라서 가져가기도 하지요. 그걸 팔아 돈을 벌려고 하는 겁니다.

아파트 등 공동주택에 산다면 재활용 쓰레기가 돈이 된다는 걸 체감하기 어렵지만, 단지 안 쓰레기장에 버린 쓰레기들은 모두 민간 수거 업체들이 돈을 받고 걷어 갑니다. 수거 업체는 여기서 돈이 되는 쓰레기인 플라스틱, 유리병, 캔, 폐지를 선별해 재활용 업체에 팔죠.

쓰레기가 돈이라는 건 두 가지 의미가 있어요. 페트병이나 캔, 종이 팩 등 다른 무언가를 만드는 데 좋은 재료가 되는 쓰레기는 돈을 받고 팔 수 있습니다. 즉 쓰레기 자체가 돈이 되는 거죠.

또 하나는 쓰레기를 처리하는 데에도 돈이 든다는 의미입니다. 제아무리 질 좋은 쓰레기라고 한들 한데 섞여 있으면 가치가 반감됩니다. 거대한 쓰레기 더미에서 돈 되는 쓰레기들만 가려내는 작업은 꽤나 많은 시간과 돈이 듭니다. 우리가 무인 회수기에 캔 하나를 넣을 때마다 10원을 받잖아요? 거기에는 캔 자체의 가치와 더불어 선별 작업에 대한 보상도 포함되어 있다고 볼 수 있어요. 그래서 여러 나라에서 이와 비슷한 방식으로 쓰레기를 배출하는 사람들이 선별 작업의 수고를 분담하면 금전적으로 보상합니다.

환경 의식의 성장, 탄소 배출 감축 목표 달성의 압력 등 여러 가지 이유로 재활용에 대한 수요가 늘어나고 있어요. 친환경 제품을 선호하는 사람들이 많아지면서 재활용된 물건들의 가치가 높아지는 현상도 일어납니다. 예를 들어, 오래된 트럭에서 나온 방수포, 안전벨트 등을 활용해 가방을 만드는 '프라이탁'이라는 브랜드가 있습니다. 여기서 생산한 제품이 세상에 단 하나뿐인 가방으로 인기리에 팔리기도 하죠. 또 주요 탄소 배출 업종인 석유화학 기업들이 미래 사업으로 폐플라스틱을 재활용해서 새 플라스틱을 만드는 방향으로 사업을 확대하기도 한답니다.

이렇게 쓰레기가 귀한 존재가 됐으니, 쓰레기 산업이 급성장하고 있는 짐바브웨는 이제 부유해질까요? 쓰레기를 재활용한 제품을 수출할 수도 있을까요? 안타깝게도 아직 그렇지 않답니다. 여전히 짐바브웨로 쓰레기가 흘러가고 있습니다.

여러분은 모를 수도 있지만, 2018년에 쓰레기 대란이 벌어졌습니다. 미국, 영국, 캐나다, 아일랜드 등 전 세계 많은 나라가 비슷한 일을 겪었답니다. 어디론가 사라지는 줄만 알았던 쓰레기가 갑자기 쌓이게 된 이유는 뭘까요?

열쇠는 중국에 있습니다. 중국이 전 세계의 폐지, 폐금속, 폐플라스틱의 절반 정도를 사들였었는데, 2018년 1월에 갑자기 수입을 중단했거든요. 중국은 수입한 쓰레기를 재활용하여 만든 제품을 수출하는 방법으로 경제적 이익을 얻었습니다. 그러다가 경제적으로 어느 정도 여유가 생기면서 환경오염을 고려하게 된 거지요.

지금도 아시아와 아프리카, 남아메리카 등지의 개발도상국 곳곳으로 쓰레기가 수출됩니다. 그린피스 영국사무소는 영국에서 3,000㎞나 떨어진 터키 남부에서 영국 슈퍼마켓과 상점의 식품 포장재와 비닐봉지 등이 불타고 있는 모습을 공개하기도 했습니다. 독일의 슈퍼마켓 포장지와 비닐봉지 등도 발견됐고요.

쓰레기 자체의 가치가 높아지고 쓰레기 처리도 돈이 되는 현실을 이용해, 자신들의 쓰레기 문제를 돈으로 쉽게 해결하려는 국가들이 일으키는 일입니다. 그런 국가들 가운데 우리나라도 있습니다.

순환 경제에 대한 오해

미국 환경보호국 재활용 표시 빼 달라고 요구

세 화살표가 모인 삼각형. 모두가 잘 아는 재활용 마크입니다.
이 삼각형이 세상에 나타난 지 50년 만에 최대 위기를 맞았습니다.
지난해 캘리포니아주가 재활용할 수 없는 물건에 이 마크의 사용을
금지한 데 이어 지난 4월에는 미국 환경보호국이 연방거래위원회에
화살표를 아예 빼 달라고 요청했습니다. 이 마크가 있으면 모두
재활용이 될 거라는 오해를 일으킨다는 이유에서입니다.

재활용 쓰레기를 버린 적 있나요? 과일이나 채소를 포장했던
플라스틱 상자, 우유 팩, 통조림 캔에 종이나 스티로폼으로 만
든 택배 상자까지 부피가 만만치 않습니다. 잘 씻어서 모아 뒀
던 걸 들고나와 재질별로 나눠 버리고 돌아서서 손을 탁 털면
개운해집니다.

이렇게 잘 분류해 버린 쓰레기들을 재활용해 다시 무언가로
만드는 과정을 가리켜 **순환 경제**라고 합니다. 자원을 채취해서
제품을 생산하고 소비한 후에는 폐기하는 방식은 선형 경제라

재활용 마크가 붙은 플라스틱은 모두 재활용될까? © Z22

고 하죠.

쓰고 버리기만 해서는 자원이 고갈돼 버리니 재활용하고 아끼면서 지속 가능한 생산과 소비를 하자는 움직임이 바로 순환 경제예요. 쓰레기를 버려도 다시 활용할 수 있는 고리를 마련하면 지구가 쓰레기 몸살에서 벗어날 수 있을까요?

우리나라 쓰레기 처리 방법 중 재활용이 86.9%(2021년 기준)나 된다고 합니다. 가정에서 내놓는 재활용 쓰레기만 따지면 재활용률이 56.7%라고 합니다. 꽤 높지요? 그런데 환경 단체들은 '진짜' 재활용률을 30%대로 추정합니다. 왜 차이가 나는 걸까요?

가정에서 내놓는 재활용 쓰레기는 보통 수거 업체가 걷어서 선별 업체로 넘깁니다. 재활용률 86.9%는 우리가 버린 쓰레기 중 선별 업체로 넘어온 것을 집계하는 경우가 많아요. 그러나 재활용은 선별 업체부터 시작됩니다. 선별 업체는 무언가를 만들 재료가 될 만한 쓰레기를 고르는 곳인데, 이때 많은 쓰레기가 재활용되지 못하고 버려집니다.

재활용할 수 없는 쓰레기로 분류되는 건 주로 플라스틱입니다. 유리병이나 캔, 페트병처럼 한 가지 소재로 만든 것은 잘 씻어서 부수거나 녹이면 원래 모습대로 다시 만들기 쉬워요. 하지만 플라스틱은 그렇게 하기 어려워 선별 과정에서 많이 탈락합니다.

음료 컵, 과일 포장재, 샴푸 통 등을 모두 플라스틱이라고 부르지만, 어떤 건 딱딱하고 어떤 건 말랑말랑하고, 만져 보면 느낌이 다 다르잖아요. 플라스틱을 만드는 소재가 달라서 그런 거예요. 한 가지 소재로 플라스틱을 만들기도 하지만, 여러 소재를 섞어서 만들기도 합니다. 그런 걸 복합 플라스틱이라고 하는데, 재활용하기 어렵습니다. 재활용 마크에 'OTHER'라는 표시가 붙은 것이 바로 복합 플라스틱입니다.

음식 포장과 배달에 쓰이는 플라스틱 그릇도 재활용이 힘듭니다. 이 그릇은 뜨거운 음식을 담아도 변형되지 않고 심지어

전자레인지에 돌려도 되잖아요. 열을 잘 견디도록 화학 처리가 돼 있어서 다른 플라스틱이랑 섞어 새 플라스틱으로 만들기 곤란해요.

선별 업체에서 살아남은 쓰레기들은 처리 업체로 갑니다. 처리 업체는 한 번 더 쓸 만한 쓰레기만 골라내 자잘한 조각(플레이크)으로 만들어서 팝니다. 이게 건축자재가 되기도 하고, 포장재가 되기도 합니다. 여기까지 와야 '진짜' 재활용이 된 거죠. 우리가 버린 재활용 쓰레기의 30~40% 정도만 여기까지 다다릅니다.

미국은 우리나라보다 재활용률이 더 낮습니다. 2021년에 환경 단체 그린피스가 미국 재활용 시설들을 자세히 들여다봤더니 플라스틱의 5~6%만 재활용됐다고 해요.

미국에서는 플라스틱 쓰레기를 7가지로 분류합니다. ①물병이나 음료수병으로 쓰이는 페트(PET) ②우유나 세제, 샴푸 통으로 쓰이는 고밀도폴리에틸렌(HDPE) ③부드럽고 유연해 어린이 장난감이나 튜브 등에 쓰이는 폴리염화비닐(PVC) ④저

밀도폴리에틸렌(LDPE) ⑤빨대나 병뚜껑으로 쓰이는 폴리프로필렌(PP) ⑥스티로폼으로 알려진 폴리스티렌(PS) ⑦위 6가지에 해당하지 않는 모든 플라스틱.

이 중 ③~⑦번은 '경제적으로' 재활용이 불가능하다는 게 미국 환경보호국의 설명입니다. 기술이 부족해서일까요? 미국

플라스틱 장난감을 분해하여 만든 PP 플레이크 © 사단법인 트루

장난감을 플라스틱 종류별로 분해하여 재활용한 의자 © 사단법인 트루

에서 재활용을 잘 안 하는 건 돈이 안 되기 때문입니다. 재활용해 물건을 만들더라도 이를 사려는 수요가 적고, 재활용 회사들에 주는 혜택이나 지원도 부족하죠. 굳이 돈과 시간과 노력을 들여 플라스틱 쓰레기를 재활용하는 것보다 새 플라스틱을 만드는 게 저렴하니 그냥 버리는 겁니다.

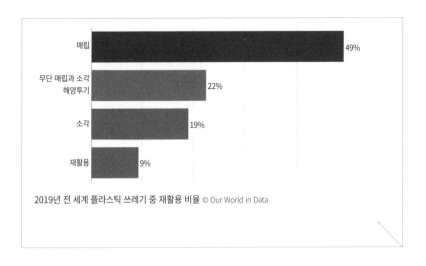

매립   49%

무단 매립과 소각
해양투기   22%

소각   19%

재활용   9%

2019년 전 세계 플라스틱 쓰레기 중 재활용 비율 © Our World in Data

미국에서는 아예 재활용 마크를 떼라는 주장까지 나왔습니다. 소비자들은 마크를 보고 재활용이 된다고 믿고 구매하는데 실상은 그렇지 않으니까요. 미국 환경보호국은 재활용 마크가 "기만적이고 오해의 소지가 있을 수 있다."라고 설명합니다.

이런 가운데 플라스틱 쓰레기를 줄이기 위한 **국제 플라스틱 협약**이 마련되고 있습니다. 170여 개 유엔 회원국들이 참여하고 있지요. 플라스틱에 관한 법적 구속력이 있는 국제 협약을 맺는 게 처음이라, 기후 환경 분야에서 가장 의미 있는 협정이 될 거란 기대를 받고 있습니다.

플라스틱 생산, 소비, 폐기물 관리에 이르는 전 주기에 걸쳐 플라스틱 오염을 규제하는 게 이 협약의 목적입니다. 유럽연합과 캐나다 등 환경 선진국이 포함된 '플라스틱 오염 종식을 위한 우호국 연합'은 플라스틱 생산부터 줄여야 한다고 주장합니다. 최근에는 미국도 플라스틱 생산 감축에 동의하기로 입장을 정했다고 해요.

반면에 플라스틱 생산을 줄이면 타격을 입는 석유화학업계와 사우디아라비아, 이란, 러시아 등 산유국들은 플라스틱 폐기 단계의 오염을 줄이면 된다는 의견입니다. 플라스틱을 이전처럼 만들고 쓰되 재활용을 잘하면 쓰레기와 오염을 줄일 수 있다는 이야기지요.

우리나라는 우호국 연합에 가입하기는 했는데, 정작 플라스틱 생산 감축에는 신중하게 접근하겠다고 합니다. 사실 우리나라 석유화학공업 생산량이 전 세계 4위일 정도로, 플라스틱이 우리 경제에 미치는 영향이 크거든요.

2024년 11월 말에 부산에서 국제 플라스틱 협약 5차 정부간 협상위원회가 열렸습니다. 애초 기한을 넘겨 새벽까지 회의가 이어졌지만 결국 합의에 이르지는 못했어요. 2025년에 추가 회의를 하기로 했다고 하니, 내년이 플라스틱 쓰레기로부터 지구를 구할 중요한 해가 되면 좋겠네요.

탄소 + 기술

상품 가격에 숨어 있는 탄소의 비밀

탄소 가격을 소고기에 붙였더니

독일의 대형 슈퍼마켓 프랜차이즈 '페니'는 2023년 7월 제품의 '실제 비용'을 가격에 반영하기 위해 실험을 했습니다. 전국 2,150개 지점을 대상으로 일주일간 주요 유제품과 육류를 비롯하여 9개 제품 가격에 '환경 파괴 비용'을 반영한 겁니다. 두 대학 전문가와 함께 우유나 치즈, 고기를 만드는 과정에서 토양, 기후, 물 등에 미치는 영향을 조사했고, 이를 제품 가격에 반영했습니다.

우리 사회에서 가격은 뭔가를 결정할 때 아주 중요한 역할을 해요. 저녁밥을 뭐 먹을지, 어떤 옷을 입을지, 어떤 집에서 살지 등 모든 것을 결정할 때 가격을 고려하죠. 보통 직장인인 저는 한 끼에 2만 원 넘는 밥은 안 사 먹고, 신발이 25만 원을 넘으면 안 삽니다. 기업에서 어떤 제품의 생산을 늘리고 줄일지, 정부가 어떤 정책을 얼마나 강도 높게 추진할지 결정할 때도 가격(비용) 생각을 안 할 수가 없습니다.

그런데 이런 상황은 가격에 반영되지 않는 가치들을 폄하하는 결과를 낳았어요. 대표적인 것이 **환경**이지요. 우리가 소고기 500g을 5만 원에 살 때, 이 가격에는 소를 키우는 동안 파괴된 자연의 가치는 거의 포함되지 않습니다. 그 결과 기업이나 국가가 의사 결정을 할 때 환경은 별로 중요한 요소로 고려되지 못했어요. 경제학에서는 이렇게 소외된 가치를 **외부 비용**이라고 부릅니다.

그런데 이젠 환경에도 적정가격을 매겨야 한다는 움직임이 등장하고 있어요. 위에서 제시한 기사 내용도 그런 사례입니다.

"이 제품을 사면 환경에 도움이 됩니다." 환경 가격 실험을 알리는 페니의 사이트

2023년 7월, 유럽의 대형 슈퍼마켓 체인 페니는 일주일간 독특한 행사를 진행했어요. 페니는 독일 전역에 지점 2,150개를 보유하고 있는 대형 업체인데, 여기서 판매하는 소시지나 치즈, 요구르트 등 9개 제품에 환경 가격을 반영한 거죠. 그동안 '외부화'되어 있던 환경 비용을 제품에 적절히 반영하고 물건을 거래해 보자는, 일종의 사회 실험이지요. 적정 환경 비용을 평가하기 위해 페니는 독일 뉘른베르크공대 등 전문 기관과 협업했습니다.

그 결과 제품 가격은 최대 2배까지 비싸졌어요. 2.49유로(3,500원)였던 치즈는 4.84유로(6,800원)로 약 3,300원(1.94배)이나 올랐죠. 내가 치즈를 3,500원 주고 살 때, 사실은 환경이 3,300원어치만큼 파괴되고 있었던 겁니다. 하지만 우리는 그 가격을 지급하지 않았고, 환경은 파괴된 그대로 남아 있었죠. 나머지 8개 제품도 가격이 껑충 뛰었습니다.

해당 마트는 "환경 비용이 식품 가격에 반영되지 않고 있다는 불편한 메시지를 직시하고, 사회가 이 도전에 함께 직면해야 한다."라고 이벤트를 진행한 이유를 밝혔어요. 그간 우리가 누리던 값싼 물건들이 사실은 '환경 가치를 과소평가한 결과'라는 불편한 진실을 알려 준 셈입니다.

홍미로운 결과도 있었어요. 유기농 소시지가 일반 소시지보다 저렴해진 겁니다. 원래 이 마트는 유기농 소시지를 3.29 유로에 팔았어요. 3.19유로였던 일반 소시지보다 비쌌죠. 그러니 소비자들은 자연스레 일반 소시지를 장바구니에 담았을 거예요.

하지만 환경 가치를 가격에 반영하자 유기농 소시지는 5.36 유로, 일반 소시지는 6.01유로로 가격이 역전됐어요. 유기농 소시지가 환경을 덜 파괴하다 보니, '환경 파괴 비용'이 덜 청구된 것이죠. 가격이 더 싸니 소비자들도 자연스레 유기농 소시지를 사게 될 것이고, 판매자들은 소비자들이 좋아하는 제품을 만들기 위해 유기농 소시지를 더 많이 만들게 되겠죠. 가격에 환경 가치가 반영되자, 사람들의 의사 결정 방향이 자연히 환경을 보호하는 쪽으로 이동하는 겁니다.

최근 환경 단체들은 이런 흐름에 집중하고 있습니다. 기업들이 기후 위기에 더 적극적으로 대응하도록 만들기 위해 각 기업의 **탄소 배출량**에 비용을 부과하자는 거죠. 이 아이디어를 실제로 적용하는 대표적인 방법으로 탄소세와 배출권 거래제 두 가지가 있습니다.

탄소세는 말 그대로 탄소 배출량에 세금을 부과하는 제도입니다. 탄소 1톤당 세금 6만 원, 이런 식으로요. 다른 조건이 없다면 탄소를 100톤 배출한 기업은 600만 원을 세금으로 내게 됩니다. 세금을 줄이려면 탄소 배출량을 줄여야 하겠죠? 별 고민 없이 탄소를 배출하던 기업들도 세금을 덜 내기 위해 환경을 지킬 방법을 찾아 나서게 되는 것이지요. 탄소세는 영국, 핀란드, 스웨덴 등이 도입하고 있습니다.

우리나라는 탄소세 제도는 도입하지 않았고, 배출권 거래제를 운용해요. **배출권 거래제**는 기업의 배출량을 먼저 정합니다. 올해 탄소 100톤을 배출한 기업에 내년엔 90톤만 배출하라고 정해 줍니다. 이를 **배출 허용 총량**이라고 불러요. 만일 이 기업이 90톤보다 더 많은 탄소를 배출하면, **배출권**을 구매해 부족분을 채워야 합니다. 예컨대 100톤을 배출했다면, 초과분 10톤에 해당하는 배출권 10개를 구매해야 하는 것이지요. 반면, 80톤만 배출할 경우, 10톤에 해당하는 배출권 10개를 다른 기업에 판매할 수 있습니다.

배출 허용 총량을 주고 그 토대 위에서 기업들이 자유롭게 배출권을 거래할 수 있도록 한 것이지요. 탄소를 배출하는 기업이 많을수록, 배출권을 구매하려는 수요는 커질 거예요. 그러면 배출권 가격도 덩달아 오르겠죠. 배출권 가격이 너무 비싸져서 기업들이 탄소를 줄이는 데 열중하기 시작하면, 배출권 수요도 줄며 가격도 떨어질 겁니다. 기업들의 감축 의지와 수요에 따라 배출권 가격이 달라지는 구조이지요.

다만 아직은 이 제도가 자리를 잘 잡지 못하는 듯 보여요. 우리나라는 2015년부터 배출권 거래제를 도입했는데, 2022년까지 7년 동안 기업들의 배출량은 조금도 줄어들지 않았습니다. 되레 늘었죠. 정부가 제도를 너무 느슨하게 운용하는 바람에 배출권 가격이 지나치게 저렴했기 때문이에요. 배출권이 싸다면, 굳이 비싼 돈을 들여 탄소를 줄이지 않아도 되는 것이지요.

정부도 이 제도를 손봐야 한다고 밝혔습니다. 얼마나 실효성 있는 대안이 나올지는 지켜봐야겠습니다.

산림 배출권이 정말 숲을 보호할까요?

비판받는 산림 기반 탄소 배출권

캐나다인 마이크 코르친스키가 대표인 회사 '와일드라이프 웍스
(Wildlife Works)'는 아프리카 케냐와 콩고에서 대규모 산림 보존
프로젝트를 진행합니다. 이걸 기반으로 발행한 탄소 배출권 판매가 이
회사의 주 수입원입니다.

이 회사는 최근 위기를 맞았습니다. 비판이 이어지면서 기업들이 배출권
구매를 꺼리고 있고, 배출권 가격도 하락하고 있습니다. 비판자들은
기업들이 탄소 배출량 감축에 드는 비용을 줄이는 수단으로 배출권을
이용하고 있으며, 산림 보존의 기후변화 대응 효과가 지나치게
부풀려졌다고 지적합니다.

2005년 11월, 남태평양 국가 파푸아뉴기니와 중앙아메리카
국가 코스타리카가 유엔에 이런 내용의 서한을 보냅니다. "개
발도상국이 탄소 저감에 참여하려면 자금이 필요합니다. (산림
자원을 활용한) 탄소 배출권 시장은 환경 자원을 자금화할 수 있
게 해 줄 겁니다."

파푸아뉴기니와 코스타리카는 국토 대부분이 울창한 열대 우림으로 이루어진 **개발도상국**입니다. 개발도상국에 **열대우림**은 중요한 돈벌이 수단입니다. 나무를 잘라서 수출하기도 하고, 숲을 불태운 뒤 그 땅에 농사를 짓거나 가축을 키우기도 하지요. 숲을 많이 파괴하면 할수록 돈을 더 많이 벌 수 있습니다.

지구의 허파라는 말 들어 보셨나요? 700만㎢ 규모의 아마존 열대우림을 가리키는 말입니다. **빽빽하게** 자란 나무가 이산화탄소를 흡수하고 산소를 배출하기 때문에 허파라는 이름이 붙은 것이지요. 인간이 화석연료를 사용하며 배출한 탄소의 30%

'지구의 허파' 아마존 열대우림 © Neil Palmer/CIAT

를 열대우림이 흡수한다고 합니다.

선진국들은 열대우림 파괴를 비난합니다. 열대우림을 보유한 국가들은 이에 반발하지요. 브라질의 자이르 보우소나루 전 대통령은 "아마존 열대우림은 브라질 땅이다."라고 목소리를 높였습니다. "너희는 화석연료를 실컷 쓰며 경제성장을 했으면서 왜 우리 땅 개발에 참견하느냐."라는 뜻이죠.

두 나라가 이런 갈등을 해소할 대안을 제시한 겁니다. 개발도상국에는 금전적으로 보상하여 숲을 보존할 경제적 동기를 부여하고, 보상을 제공하는 선진국으로서는 보존을 요구할 명분이 생기는 방식이었어요.

유엔은 두 나라의 요구를 받아들입니다. 숲을 새로 만들거나 기존 숲을 잘 보존하는 걸 탄소 감축과 동일한 것으로 인정한 거지요. 이런 활동으로 감축했다고 인정되는 탄소 1톤당 탄소 배출권을 1개씩 발급하고, 이를 거래할 수 있게 제도를 만들었죠.

숲을 새로 만드는 걸 **신규 조림/재조림 청정개발체제(A/R CDM) 사업**, 잘 보존하는 걸 **산림 전용 및 황폐화 방지(REDD+, 레드플러스) 사업**•이라고 합니다. 두 사업으로 발급된 탄소 배출권을 거래하는 시장을 보통 **산림 탄소 배출권 시장**이라고 부르죠.

국가와 국가가 배출권 관련 협약을 맺기도 하고, 민간 업체가 일종의 판매 중개소를 만들어 참여자들이 자발적으로 배출권을 거래하기도 합니다.

이 사업에 많은 나라가 관심을 보였어요. 두 나라뿐 아니라 브라질, 인도네시아, 말레이시아 등 60개국이 산림 배출권 시장에 참여했죠. 자발적 시장에서 거래된 산림 배출권은 2020년 5,780만 톤에서 2022년 2억 2,770만 톤으로 급증했습니다. 2022년 한 해에 13억 2,750만 달러(1조 7,576억 원)가 산림 보호를 위해 선진국에서 개발도상국으로 흘러갔습니다.

우리나라도 2012년부터 산림청 주도로 인도네시아, 캄보디아, 미얀마와 관련 사업을 해 오고 있습니다. 국가 간 협약을 통해 2030년까지 탄소 500만 톤을 감축하는 게 목표입니다.

산림 배출권을 자세히 뜯어보면 복잡한 논란거리가 많습니다. 2022년 우리나라 기업 SK루브리컨츠는 우루과이의 조림 사업을 지원했어요. 이 사업으로 확보한 배출권을 토대로 자사 윤활유 제품이 탄소 중립 제품이라고 홍보했죠. 그러나 해

A/R CDM
Afforestation and Reforestation Clean Development Mechanism

REDD+
Reducing Emissions from Deforestation and Forest Degradation Plus

당 조림지가 나중에 펄프 원료로 사용할 목적으로 나무를 심는, 일종의 나무 농장이라는 의혹이 터졌습니다. 펄프를 만드는 과정에서 나무에 저장된 탄소가 다시 공기로 배출될 수 있으니 이 제도의 취지에는 맞지 않는 사업이죠.

'숲을 잘 관리한다'는 개념도 모호해요. 이 제도는 '만일 숲을 관리하지 않았다면 흡수되지 못했을 탄소의 양'을 기준으로 배출권을 발급합니다. 좀 복잡하죠? A 국가에 100k㎡짜리 숲이 있고, 이 숲이 한 해 100만 톤의 탄소를 흡수한다고 해 보죠. 이전 방식대로라면, 이듬해에 이 숲 일부를 농경지로 사용해 숲이 70k㎡로 줄고, 그에 따라 탄소 흡수량도 70만 톤으로 줄 가능성이 있어요. 그런데 A 국가가 숲을 잘 관리해 100k㎡를 그대로 유지하면, '줄어들 뻔한 30만 톤'에 대해 배출권을 발급해 줘요. 이를 탄소 회피라고 하지요.

그런데 숲이 얼마나 파괴될지 정확하게 예측할 방법이 있을까요? 숲을 잘 관리하지 않더라도 10k㎡만 파괴될 수도 있잖아요. 그럴 경우, 숲 보존으로 얻는 탄소 회피량도 10만 톤뿐이겠죠. 이런 식이라면 숲 보전으로 배출권을 발급하는 나라는 파괴 예측 면적이 넓을수록 유리합니다. 2022년, 미국 UC버클리 연구진은 REDD+ 사업 17개를 분석한 결과, 탄소 회피량을 최소 13배 뻥튀기했다고 발표했어요. 우려가 현실이 된 거죠.

기업들은 산림 배출권 가격이 자체 탄소 저감 비용보다 훨씬 싸기 때문에 배출권을 구매합니다. 2022년에 산림 배출권은 톤당 5.8달러 정도였는데, 2018년에 미국 하버드대는 항공유 등 연료에서 배출되는 탄소를 1톤 줄이는 데 100달러에서 2,900달러가 필요하다고 분석했어요. 최대 500배나 차이가 나죠.

항공유를 사용하며 막대한 탄소를 배출하는 미국 델타항공은 2022년에 710만 톤의 탄소 배출권을 구매했습니다. 이를 토대로 자신들이 '세계 최초 탄소 중립 항공사'라고 홍보했어요. 배출권의 신뢰도가 떨어지므로 이 광고가 허위라는 소송이 제기됐죠. 델타항공은 계획했던 배출권 구매를 취소하거나 연기했어요.

탄소 회피량 뻥튀기와 기업이 자기 사업장에서 탄소 배출량을 줄이는 대신 배출권을 구매하는 일이 겹치면 어떤 현상이 벌어질까요? 통계 숫자에는 탄소 배출량이 실제보다 훨씬 많이 준 것으로 나타납니다.

이런 문제는 배출권 발급에 엄격한 기준을 적용하여 해결할 일이며, 개발도상국의 산림 보존 노력을 경제적으로 보상하는 시스템 자체는 필요하다는 주장은 여전히 강합니다. 기사에 나온 코르친스키 대표는 이렇게 말했죠. "탄소 배출권 시장이 실패하면 숲을 보호하기 위해 기업 금융을 끌어올 수 있는 최고의 기회를 잃어버리게 된다."

'엄격한 기준'을 만드느라 앞으로 많은 시간이 지나갈 텐데, 인류에게 남은 기후변화 대응 시간은 얼마 없습니다.

과거가 미래를 구할 수 있을까요? 탄소를 줄이는 돛단배와 연

돛을 단 석탄 운반선 소푸마루호 시험 운항에 성공

2022년 10월 24일 세계 최초로 온실가스 배출 감소를 위해 돛을 단 배가 시범 운항에 성공했습니다. 일본에서 출발해 호주로 가는 석탄 운반선 소푸마루호입니다. 배 앞부분 갑판에 높이가 55m에 이르는 거대한 돛을 장착했습니다. 이 돛은 천이 아니라 단단한 유리섬유로 만들었습니다. 첨단 제어장치로 바람의 세기와 방향에 맞춰 돛의 각도를 실시간으로 조정할 수 있습니다.

- -

어릴 적 종이로 돛단배를 접어 물에 띄워 본 적 있으신가요? 오랜 기간 배가 나아가도록 했던 돛은 더 강력한 연료들이 나오면서 자취를 감추었죠. 산업혁명 이후 배의 연료로 주로 쓰이던 석탄은 점차 석유로 바뀌었습니다. 지금은 가스, 전기, 수소, 메탄 등 다양한 연료를 사용해요.

그 틈에 홀연히 자취를 감추었던 돛이 최근 다시 등장했습니다. 배경에는 해운업계의 탄소 배출 저감 의지가 담겨 있습니다. 요즘 돛은 해적이 등장하는 영화에서 봤던 천으로 된 돛과는 거리가 멀어요. 유리섬유나 금속 등 단단한 재질로 만듭니다. 그럼에도 선박 운항에 바람을 이용한다는 점은 같아 여전히 돛이라고 부르죠.

거대한 화물선. 덩치가 큰 만큼 연료 소모량과 탄소 배출량이 많다.

소푸마루호는 일본에서 호주까지 가는 동안 돛을 단 효과로 연료를 5%나 적게 소모했습니다. 이걸 양으로 따지면 화석연료 2만 5,000리터입니다. 결코 적은 양이 아닙니다. 그만큼 탄소 배출량도 줄어들죠.

프랑스 기업 에어시즈(Airseas)는 연을 이용해 배를 끄는 기술을 개발 중입니다. 300m 상공에 거대한 연을 띄워 바람의 힘으로 엔진 부하를 줄이려는 겁니다. 2025년까지 기술을 완성해 선박의 연료 소모량과 탄소 배출량을 평균 20% 줄이는 게 목표라고 해요.

일상적으로 이용하지 않는 교통수단이라 체감하기 어렵지만 전 세계 교역량의 90% 안팎이 선박을 이용합니다. 우리나라로 범위를 좁히면 해상 운송 비중은 99.7%까지 올라갑니다. 그만큼 해운업에서 나오는 탄소도 많겠죠? 연간 10억 톤가량입니다. 전 세계 탄소 배출량의 3%로 우리나라에서 한 해에 배출하는 탄소보다 1.5배 많습니다.

돌이키기 힘든 기후변화 앞에서 해운업계도 탄소 배출량을 줄여야 하는 숙제를 안고 있습니다. 국제해사기구에서는 해운업계의 **탈탄소화**를 위한 목표를 세웠습니다. 2023년 7월에 탄소 배출량을 2050년까지 0으로 줄이기로 잠정 합의했습니다. 해운업계 탄소 배출량이 가장 많았던 2008년을 기준으로 2030년까지 20%, 2040년까지는 70%를 줄이는 중간 목표도 세웠습니다.

선박에서 나오는 탄소를 줄이는 방법은 크게 두 가지입니다. 같은 양의 연료를 쓰면서 배가 더 잘 나갈 수 있도록 효율은 높이는 방법이 있습니다. 또는 탄소를 포함한 오염 물질이 나오지 않는 대체 연료를 쓸 수도 있습니다.

그런데 대체 연료를 쓰는 선박으로 전환하는 데에는 시간이 걸립니다. 그래서 당장 효율을 높이는 방법으로 돛과 연을 이용해 풍력을 보조 동력으로 사용하는 방안이 등장한 겁니다. 선박 운항 속도를 조금만 늦춰도 연료 효율을 높일 수 있다고 합니다.

현재 선박의 99.8%는 석유와 천연가스 등 화석연료를 사용합니다. 새로 만들고 있는 선박의 98%도 화석연료로 움직이도록 설계됐습니다. 선박에서 주로 사용하는 석유는 중유인데, 여기에는 황이 많이 들어 있습니다. 자동차 연료로 쓰는 경유보다 3,500배나 많은 수준이지요. 선박에서 대기로 배출된 황은 다른 기체와 결합해 이산화황과 같은 오염 물질이 됩니다. 이런 오염 물질로 인해 **산성비**가 내려 하천과 바다, 그리고 땅이 오염되지요.

환경오염으로 해운업계는 연료를 바꾸라는 압박을 강하게 받고 있습니다. 이미 규제는 시작됐습니다. 2020년부터 선박 연료에 포함된 황 비중의 상한선이 이전의 7분의 1 수준으로 낮아졌습니다. 황 비중이 3.5%인 고유황유에서 0.5%인 저유황유로 바꾸라는 건데, 두 연료의 가격 차이가 꽤 큽니다. 물론 저유황유가 더 비싸지요.

비용을 최소화하려는 해운사들은 선박에 고유황유를 그대로 사용하면서 황을 제거하는 장치, 스크러버를 다는 걸로 대응했어요. 스크러버를 설치하는 데 70억 원에서 80억 원이 들지만 저유황유를 쓰는 것보다 싸게 먹히거든요. 문제는 스크러버 역시 오염을 완전히 없앨 수는 없다는 점입니다. 바닷물로 엔진 배기가스에서 나오는 황을 제거하는데, 이 과정에서 바닷물이 오염될 수밖에 없습니다.

탄소와 오염 물질을 줄이기 위해 연료를 섞어 쓰는 방법도 사용됩니다. 이런 배를 '이중 연료 추진선'이라고 합니다. 기존 선박 연료와 함께 LPG, LNG 등 가스를 비롯해 메탄올, 암모니아, 수소와 같은 대체 연료로 갈 수 있는 배죠.

기존 연료를 덜 쓰는 만큼 탄소 배출량과 오염 물질이 줄긴 하지만 이 역시 완벽한 해결책은 아닙니다. LPG나 LNG, 메탄올 등은 황을 거의 배출하지 않지만, 이산화탄소와 질소산화물은 여전히 나옵니다. 암모니아와 수소는 탄소를 전혀 배출하지 않는 연료이지만 당장 사용하기에는 기술적 한계가 있습니다.

우리나라는 세계적으로 손꼽히는 조선사와 해운사를 보유하고 있습니다. 대체 연료 중 메탄올을 쓰는 선박은 우리나라 HD현대중공업에서 최초로 개발했습니다. 이처럼 탈탄소 흐름에 적극적으로 대응하는 회사들은 한 발 더 앞서가겠죠? 따라가지 못하는 회사들은 도태될 위기에 처할 테고요.

새로운 연료를 쓰는 선박을 서둘러 개발하는 건 기후변화 대응뿐만 아니라 우리나라 산업 경쟁력을 지키기 위한 생존 전략이기도 합니다. 조선사와 해운사들에 혹시 기후변화를 저지해야 한다는 의지가 없다면, 살아남기 위해서라도 탄소 저감 노력을 더 기울였으면 하는 바람입니다.

탄소를 포집한 나무를
땅에 묻는 스타트업

나무에 탄소를 가두는 스타트업, 600만 달러가 넘는 투자금 확보

미국 캘리포니아주의 기후 기술 스타트업 '코다마시스템스'는 2022년 말 빌 게이츠의 기후 펀드 및 다른 투자자로부터 600만 달러에 달하는 투자를 받았습니다.

나무는 성장하면서 대기 중에 있는 이산화탄소를 흡수하지만, 나무가 죽어 부패하면 흡수한 이산화탄소가 다시 배출됩니다.

코다마시스템스는 죽은 나무를 땅에 파묻어 이산화탄소를 수천 년 동안 가두는 기술을 연구 중입니다. 이 연구가 성공하면, 1톤의 탄소를 100달러 이하의 비용으로 영구 저장할 수 있다고 합니다.

나무는 햇빛을 에너지로 이용해 공기에 섞인 이산화탄소로 양분을 합성하고 그 과정에서 나온 산소를 내뱉습니다. 우리에게 꼭 필요한 산소를 제공해 주니, 참으로 고마운 일이죠. 기후 위기가 심해지면서 나무의 중요성은 더욱 커지고 있습니다. 나무가 흡수하는 이산화탄소가 기후변화를 일으키는 대표

적인 온실가스이기 때문이죠.

2019년에 학술지 "사이언스"에 발표된 논문에 따르면, 전 세계 숲의 탄소 저장 잠재력은 2,050억 톤에 달하는 것으로 추정됩니다. 인간이 과잉 배출한 탄소의 3분의 1에 해당하는 양이죠. 숲을 잘만 활용하면 이렇게 어마어마한 양도 자연 흡수가 가능할 거라는 얘기입니다. 논문 저자인 토머스 크라우더 교수는 "숲을 비롯한 생태계 복원은 기후 위기 완화에 가장 효과적인 수단이다."라고 주장했습니다.

온실가스 배출량 감축에 애를 먹고 있는 인류로선 희소식입

나무가 부패하면 저장된 탄소가 다시 배출된다. © Pauline E

니다. 산업화 이후 우리 문명은 석탄, 석유 등 화석연료를 기반으로 발전해 왔죠. 기후 위기를 막기 위해선 이 같은 산업 시스템을 모두 개선해야 하는데, 수십 년간 익숙해진 방식을 빠르게 바꾸기가 여간 어려운 게 아닙니다. 우리가 더디게 에너지 전환을 해 나가는 동안 나무와 숲이 탄소 흡수로 시간을 벌어줄 거라 기대할 수 있죠.

기사에 나오는 스타트업 코다마시스템스의 사업도 이 같은 아이디어에 착안했습니다. 탄소 흡수를 위해 나무를 활용하되, 나무에 저장된 탄소가 다시 대기로 빠져나가지 않도록 한 발 더 나아가겠다는 겁니다.

죽은 나무가 썩어 흙으로 돌아가는 과정에서 이산화탄소가 다시 자연으로 배출됩니다. 코다마시스템스는 나무의 부패를 막아 탄소가 빠져나가지 못하게 하는 '봉쇄 작전'을 펼치고 있습니다. 일종의 나무 금고를 만들어서 거기에 죽은 나무를 묻고 있죠.

나무 금고는 미국 네바다주의 사막에 있습니다. 일부러 건조한 사막을 선택했고, 금고 안에 수분을 흡수하는 식물층을 만드는 등 최대한 자연적인 방법으로 나무의 부패를 차단하려 노력 중이라고 합니다.

코다마시스템스의 사업은 논란을 불러일으키기도 했습니다. 금고에 저장하기 위해 나무를 꾸준히 베어 내고 있기 때문이죠. 주로 작아서 목재로 판매하기 어려운 나무를 베어 낸다고 하지만 나무를 통해 더 많은 탄소를 흡수하겠다는 계획과는 사뭇 상반돼 보입니다.

코다마시스템스는 나무를 베어 내는 목적이 "울창한 숲을 정리해 산불을 예방하는 것이다."라고 설명합니다. 숲에 나무가 너무 빽빽하면 산불이 잘 발생할 수 있습니다. 그러면 애써 기른 나무가 타면서 이산화탄소도 대기로 모두 빠져나가니 이를 미리 막겠다는 얘기죠.

코다마시스템스는 나무를 봉쇄한 실적으로 탄소 배출권 시장에서 인증서를 발급받고, 이를 필요한 기업들에 팔아 수익을 내려는 계획입니다. 앞서 살펴보았던 산림 탄소 배출권의 문제점이 생각나죠? 코다마시스템스도 이 문제에서 자유롭지 못할 겁니다.

그렇다면 기술로서 나무 금고는 어떨까요? 코다마시스템스의 나무 금고는 탄소 포집 기술의 일종입니다. **탄소 포집 기술**이란 대기에 섞인 이산화탄소를 따로 모아서 저장하는 기술을 가리킵니다. 나무 금고는 자연의 순환에 인공적인 기술을 살

짝 가미한 방식이죠.

다른 방법도 있습니다. 과학자들이 산소, 질소, 수소 등 여러 기체 분자 중에서 탄소하고만 화학반응을 하는 촉매를 개발했습니다. 석탄 발전소나 제철소 굴뚝 등에 이 촉매를 설치하면, 배기가스에서 탄소만 쏙쏙 골라내 모을 수 있습니다. 시멘트나 철강처럼 화석연료를 안 쓰는 게 사실상 불가능한 산업에는 이런 대안이라도 있다는 게 한 줄기 희망이기도 합니다.

이러한 탄소 포집 기술 역시 한계가 있어요. 인공 탄소 포집 기술을 활용하려면 전기가 어마어마하게 필요하거든요. 기술 설비를 만들고, 옮기고, 공장에 설치하는 데도 에너지가 많이 들고, 포집한 탄소를 처리하는 것도 만만찮아요. 이렇다 보니 포집한 탄소 양보다 포집 과정에서 배출되는 탄소가 더 많다는 연구 결과도 나오고 있습니다. 아직은 '이런 기술도 있다'는 가능성에 불과할 뿐, 기후 위기를 막을 4번 타자로서 맹활약하기는 어렵다는 얘기이지요.

크라우더 교수는 기업이 탄소 배출권 구매를 비판하며 이렇게 말했습니다. "화석연료 사용량을 줄이는 노력이 없다면 생태계의 탄소 저장 능력은 오히려 위협을 받게 된다." 기후 위기를 극복하려면 다른 꼼수 대신 온실가스 감축이라는 정공법이 우선이라는 얘기입니다. 이런 비판은 탄소 포집 기술 전반에 적용할 수 있습니다.

전문가들은 지금으로서는 '전환 노력을 대체하지 않는 선'에서 탄소 포집 기술을 활용해야 한다고 말합니다. 불확실한 기술인 탄소 포집 얘기를 꺼내기 전에, 전기화와 재생에너지로 전환이라는 기후변화 대응 정공법을 충실히 수행하자는 겁니다. 일단 화석연료를 줄일 수 있는 건 다 줄이고, 정말 절대 결코 안 되는 부문이 있다면 제한적으로 탄소 포집을 활용하자는 취지이지요. 우리나라가 이 순서에 맞게 노력하고 있는지 꼼꼼하게 따져 보아야 하겠습니다.

재생에너지 기술의 현재와 미래

태양광발전의 게임 체인저 탠덤 셀

꿈의 태양광이라 불리는 탠덤 셀은 미래 태양광 시장 판도를 바꿀
'게임 체임저'로 꼽힙니다. 기존 실리콘 셀 위에 차세대 태양광 소재인
페로브스카이트 셀을 쌓는 형태로 만듭니다. 상하부 셀이 서로
다른 파장의 빛을 상호 보완적으로 흡수해 발전 효율을 극대화할 수
있습니다. 학계에서는 탠덤 셀의 이론 한계 효율을 기존 실리콘 단일
셀의 1.5배 수준인 44%로 추정하고 있습니다.

앞서 살펴보았듯이 석유에서 재생에너지로 전환은 피할 수
없는 길입니다. 하지만 기술이 뒷받침되지 않으면 갈 수 없는
길이기도 하죠. 이번 글에서는 우리 미래를 책임질 재생에너
지 기술에 대해 알아보겠습니다.

태양광발전 분야에서 새로운 기술로 주목받는 건 페로브스
카이트 탠덤 셀입니다. 발음하기조차 어려운 페로브스카이트
는 광물의 이름입니다. 빛을 잘 흡수하는 성질이 있어 태양광
발전에 쓰기에 안성맞춤인 물질이죠. 이 물질로 만든 셀과 기

존에 쓰던 실리콘 셀을 붙여서 만든 것이 페로브스카이트 탠 덤 셀입니다.

이 기술이 주목받는 이유는 효율을 높일 수 있기 때문입니다. 지금 쓰이는 태양광발전 설비보다 1.5배 높은 44%의 효율이 이론적 최대치입니다. 여기서 효율이란 빛에너지를 전기에너지로 바꾸는 비율을 말합니다.

효율이 높아지면 어떤 장점이 있을까요? 똑같은 양의 전기를 만드는 데 필요한 설치 면적이 줄어듭니다. 예를 들어 현재 기술로 100GW의 전기를 생산하려면 태양광발전소 100기를 설치해야 한다고 해 보죠. 효율이 2배 높아지면 50기만 설

독일의 영농형 태양광발전 © Asurnipal

치하면 됩니다.

태양광발전에서는 면적이 중요합니다. 태양광 패널을 많이 설치해야 그만큼 전기를 많이 생산할 수 있는데, 그런 땅을 찾기가 만만치 않습니다. 그래서 고육지책으로 산에 태양광 패널을 설치하기도 합니다. 그러려면 나무를 베어 내야 하고, 그 때문에 산사태가 일어나기도 하지요.

설치 장소 문제를 해결할 대안으로 영농형 태양광을 연구 중입니다. 농작물을 키우는 논밭 위에 태양광 패널을 설치해 농사도 짓고 발전도 하는 방법이죠. 태양광 패널이 햇빛을 막아 농작물 수확량이 일부 줄어들지만, 전기를 판매하면 그로 인한 손해보다 더 많은 소득을 얻을 수 있습니다. 또 햇빛이 통과하는 투명 태양광 패널 실험도 성공했으니 수확량 감소는 문제가 되지 않을 겁니다.

이 방법이 연구 단계를 넘어서 실용화되려면 농지법을 개정해야 합니다. 태양광 패널의 수명은 20년이 넘습니다. 그런데 지금 법에서는 농지를 농업이 아닌 다른 용도로 사용할 수 있는 기간이 최대 8년으로 정해져 있습니다. 이런 상황에서는 많은 돈을 들여 태양광발전 시설을 설치할 수 없죠. 현재 국회에서 법 개정을 논의하고 있다고 합니다.

또 다른 대안은 **건물 일체형 태양광발전 시스템**입니다. 건물 벽면을 태양광발전소로 이용하는 거죠. 건물 자체가 발전소와 다름없으니 필요한 에너지를 외부에서 끌어오지 않고 스스로 조달할 수 있습니다.

문제는 비용과 효율입니다. 태양광 패널은 일반 외장재보다 비쌉니다. 그만큼 건축 비용이 많이 들죠. 발전 효율은 일반 태양광 패널보다 떨어집니다. 햇빛을 최대한 받을 수 있는 각도로 설치하기 어렵고, 벽에 밀착되어 바람이 통하지 않아서 온도가 오르기 때문입니다. 태양광 패널은 온도가 높으면 효율이 떨어지거든요. 이와 더불어 패널이 '보기 싫다'는 외관상 문제도 제기되고 있죠. 이런 문제점들은 패널 제작 기술의 발전과 컬러 패널 개발로 해결해 나가고 있습니다.

풍력발전은 1888년에 풍력발전기가 개발됐을 정도로 역사가 오랜 방법입니다. 풍력발전을 통해 큰 에너지를 얻기 위해서는 당연히 강한 바람이 필요합니다. 거대한 바람개비처럼 생긴 풍력발전기를 산꼭대기에서 자주 볼 수 있는 이유죠. 바람이 센 곳이 또 어디일까요? 바다입니다.

해상 풍력발전기는 기둥을 해저에 고정하는 게 난제이지만 강력한 바닷바람을 활용할 수 있는 장점이 있습니다. 보통 바다

강한 바닷바람을 이용하는 해상 풍력발전기 © Ein Dahmer

멀리 나갈수록 발전에 적합한 강한 바람이 붑니다. 하지만 먼 바다로 나가면 수심이 깊어 발전기를 설치할 기둥을 바닥에 고정하는 게 불가능합니다.

 부유식 해상 풍력발전은 발전기를 바다 위에 부표처럼 띄워 이 문제에서 벗어날 수 있습니다. 풍력발전기와 육지를 잇는 전선 또한 해저에 고정하지 않고 바닷속에서 계속해서 움직이게 하는 기술이 적용됩니다. 강력한 바닷바람을 이용하는 건 좋은데 태풍 같은 혹독한 바다 환경을 버텨 내는 게 기술적으로 큰 과제입니다. 잠재력이 큰 분야인 만큼 우리나라를 비롯하여 전 세계 에너지 기업이 기술 개발에 뛰어들었지요. 그 결과로 이미 부유식 해상 풍력발전 단지가 가동 중입니다.

태양광과 풍력 등 재생에너지는 변동성이 큽니다. 날씨에 따라서 발전량이 오르락내리락하지요. 그래서 재생에너지를 제대로 활용하려면 발전량이 많을 때 전기를 저장했다가 필요할 때 쓰는 기술이 함께 발전하는 것이 중요합니다. 쉽게 떠오르는 방법이 배터리이지요. 남는 전기로 물을 높은 곳으로 끌어올려 저장했다가 필요할 때 수력발전을 하는 양수발전도 에너지를 저장하는 방법입니다. 수소도 에너지 저장에 이용할 수 있습니다.

수소는 발전과 자동차 연료 등으로 쓸 수 있는 에너지원입니다. 이용 과정에서 온실가스도 배출되지 않습니다. 단, 수소를 만드는 과정에서는 온실가스가 배출될 수 있지요. 현재 생산되는 수소는 대부분은 천연가스를 원료로 씁니다. 이 방식으로는 수소 1kg을 생산하는 데 이산화탄소 10kg이 배출됩니다. 이래서는 청정에너지라고 할 수 없겠죠. 이렇게 생산한 수소를 **그레이 수소**라고 합니다.

물을 전기로 분해하면 산소와 수소가 나옵니다. 이산화탄소

는 전혀 배출되지 않지요. 이렇게 생산한 수소를 **그린 수소**라고
부릅니다. 태양광발전과 풍력발전에서 나온 전기로 그린 수소
를 생산하면, 궁극적인 친환경 에너지 생산과 저장 체계가 완
성되겠죠. 최근 바닷물을 활용해 수소와 산소를 발생시키는 **고**
효율 수전해 촉매를 개발했다는 반가운 소식도 들립니다.

수소는 전기로 전환하는 효율이 낮고, 액화 상태로 운반하기
위해서는 영하 253도의 극저온을 유지해야 하는 등 여러 단점
이 있습니다. 하지만 기술의 발전을 통해 언젠가는 극복되지
않을까 기대합니다.

산업의 변화

스코프3 기후 공시에서는 베트남 기업이 배출한 탄소도 우리 탓?

캘리포니아주 상원 스코프3 기후 공시 의무화

기업이 제조, 생산, 유통 등 기업 활동을 하면서 배출한 탄소량을 투명하게 공개하는 기후 공시가 의무화 바람을 타고 있습니다. 미국 캘리포니아주는 매출 10억 달러 이상 기업을 대상으로 스코프3을 포함한 온실가스 배출량 공시를 의무화하는 법안을 통과시켰습니다. 애플이나 마이크로소프트와 같은 기업들도 법안의 취지에는 공감한다고 밝혔습니다. 하지만 회사가 직접 배출하거나 사업상 발생하는 간접 배출량 외에 전 세계 공급망 내에 존재하는 협력사들의 배출량까지 공시하는 건 부담스럽다고 했습니다.

여러분이 휴대폰 제조 업체 사장이라고 해 보죠. 기후변화를 걱정하는 마음에 탄소 중립 휴대폰을 만들기로 했습니다. 재생에너지로 생산한 전기를 쓰고, 공업용수도 깨끗하게 재활용했고, 전기차로 제품을 운송했어요. 이 정도면 어디에 내놔도 부끄럽지 않은 탄소 중립 휴대폰이라고 내심 자랑스러웠지요. 그래서 '세계 최초 탄소 중립 휴대폰!'이라고 광고를 내보냈는

데, 환경 단체가 거짓이라며 항의 시위를 합니다.

알고 보니 베트남 회사가 휴대폰에 들어가는 주요 부품을 만들었어요. 이 회사는 석탄 발전소에서 생산한 전기를 쓰고, 화석연료를 쓰는 차로 부품을 운반했어요. 미처 생각하지 못한 일이지만, 이래서는 진정한 탄소 중립 휴대폰이라고 하기는 어렵겠죠?

이러한 억울한 사태를 막기 위해 "먼 외국의 부품 공급 회사가 배출하는 탄소량까지 시원하게 공개해 보자."라는 취지로 만든 게 스코프3입니다. 요즘 전 세계 기업들은 자발적으로 또는 기사에 나온 것처럼 법에 따라서 탄소 배출량을 공개합니다. 그걸 **탄소 배출량 공시**라고 하는데, 스코프3은 그 가운데 하나입니다. 스코프3이 있는 걸 보니, 스코프1과 스코프2도 있겠죠?

스코프1에는 제조 공정, 차량 운행, 보일러 가동 등 생산과 직접 관련된 활동에서 배출되는 탄소가 포함됩니다. **스코프2**에는 생산을 위해 구매한 전기나 열 등 에너지를 사용함으로써 간접 배출하는 탄소량이 포함되지요.

스코프3에는 협력 업체의 생산과정과 물류는 물론, 제품 사용과 폐기 과정에서 발생하는 탄소 배출량까지 포함됩니다.

이것까지 포함해서 따져야 진정한 탄소 중립 제품인지 아닌지 알 수 있지요. 취지는 좋지만, 스코프3 배출량을 정확히 파악하기는 어려워요. 왜 그런지, 휴대폰을 예로 들어 생산부터 폐기까지의 과정을 따라가면서 스코프3에 들어가는 배출량을 한번 따져 보죠.

우선 생산부터. 휴대폰 핵심 부품인 반도체에는 여러 희귀 금속이 들어갑니다. 광물자원을 채굴하는 과정에 많은 에너지가 들어가고 폐수 발생 등 환경오염도 피할 수 없습니다. 채굴한 광물을 휴대폰 부품 회사로 운송하는 과정, 부품을 만드는 과정, 부품을 휴대폰 제조 회사로 운송하는 과정에서도 탄소가 배출됩니다. 휴대폰 하나에 들어가는 부품 종류가 1,000개

영역	정의	예시
Scope 1 직접 배출	기업이 운영하거나 소유하고 있는 사업장, 공장 등에서 발생하는 온실가스 배출	화석연료로 돌아가는 터빈, 공장 안에서 쓰는 화석연료 자동차
Scope 2 간접 배출	기업이 구매하여 사용한 전기나 열을 생산할 때 발생하는 온실가스 배출	공장에서 사용한 전기를 한국전력이 생산할 때 발생한 온실가스
Scope 3 기타 간접 배출	기업이 직접 배출하진 않았지만 제품 생산 전 과정에서 발생하는 온실가스 배출	제품을 배송하거나 폐기하는 과정에서 나오는 온실가스

쯤 된다고 하니 그만큼 탄소 배출량이 늘어나겠죠.

소비자가 휴대폰을 사용하는 과정에서도 탄소가 발생합니다. 휴대폰을 사용하면 기본적으로 전기를 쓰고, 스트리밍 서비스 등을 이용하면 서비스를 제공하는 쪽에서도 에너지를 씁니다. 데이터센터가 '전기 먹는 하마'라는 거 기억하고 있죠?

사람들은 보통 3년에 한 번씩 휴대폰을 바꿉니다. 중고로 팔리기도 하지만, 폐기되기도 하죠. 이 과정에서도 탄소가 발생합니다. 휴대폰을 분해해 부품을 재활용하거나 재활용이 안 되는 부분을 처리할 때도 에너지가 쓰일 수밖에 없기 때문이죠.

원자재를 구하여 제품을 만들고, 그 제품이 소비자에게 이르기까지 전 과정에 연결된 회사와 조직의 연결망을 **공급망**이라고 합니다. 공급망 전체에서 발생하는 탄소 배출량이 스코프 3이라고 이해하면 돼요. 우리가 휴대폰을 예로 들어 따져 본 건만 해도 엄청 복잡한데, 사실 이건 스코프3의 일부입니다.

세계지속가능발전기업협의회와 세계자원연구소가 제시한 온실가스 회계 처리 및 보고에 관한 가이드라인에 스코프3 배출량을 산정하는 기준이 나옵니다. 모두 15개 카테고리인데, 여기에 임직원 출장, 임직원 출퇴근, 임대 자산, 프랜차이즈, 투자까지 포함됩니다.

한 기업의 탄소 배출량을 스코프3까지 포함해서 산정하면, 스코프1과 스코프2만 가지고 산정했을 때보다 보통 10배 이상 많이 나옵니다. 또 체계가 워낙 복잡하다 보니 탄소 배출량이 이중으로 계산될 수도 있습니다. 대기업이 스코프3을 산정하려면, 부품을 공급하는 중소기업의 탄소 배출량까지 포함해야 하는데, 중소기업이 정확한 데이터를 제공하기는 현실적으로 어렵지요.

복잡하기 이를 데 없고 지금으로서는 정확성도 떨어지는데, 왜 기업의 기후 공시에 스코프3을 포함해야 한다는 주장에 점점 힘이 실리는 걸까요? 스코프3을 알아야 정확히 기업이 얼마나 탄소를 배출하고 있는지 알 수 있기 때문이에요. 스코프3 배출량을 공시하면 기업의 제품이나 서비스 공급망에서 어느 영역의 온실가스 배출이 가장 큰지 알 수 있습니다.

바람 빠진 타이어를 고치려면 어디에 구멍이 뚫렸는지 먼저 알아야 하잖아요? 그것처럼 어디에서 온실가스가 많이 배출되고 있는지를 알아야 막을 방법도 찾을 수 있죠.

15개 카테고리에 투자도 들어 있다고 했죠. 금융사뿐 아니라 일반 기업도 다른 기업에 투자합니다. 다른 부분에선 탄소를 잘 줄인 기업이 석탄 발전소나 탄소 배출량이 많은 내연기관 차량 생산 기업에 투자하면, 그것도 스코프3에 반영됩니다. 따라서 기업은 고탄소 산업이 아닌 지속 가능한 산업에 투자하는 쪽으로 돌아서게 될 겁니다.

서비스나 금융 기업의 경우 소비 단계에서 발생하는 탄소 배출량의 비중이 약 70~80%를 차지합니다. 이런 기업의 탄소 배출량은 스코프3 없이는 제대로 파악하기 어렵죠.

이렇게 스코프3 공시의 효과는 분명하지만, 의무화에 대한 반대 의견도 만만치 않습니다. 미국 캘리포니아주와 유럽연합은 의무화에 동의하지만, 미국 증권거래위원회는 기후 공시에서 스코프3을 배제하는 쪽으로 가닥을 잡았습니다. 공급망에 속한 협력 업체 데이터부터 소비자의 정보까지 확인해야 하며, 탄소 배출량이 이중으로 반영되는 것도 해결해야 하는 등, 아직 방법론이 제대로 정해지지 않았다는 거죠.

일리가 있는 주장입니다만, 기후변화가 미칠 영향을 고려하면 무작정 미룰 일은 아닙니다. 이럴 때 딱 들어맞는 말이 있죠. "구더기 무서워 장 못 담글까."

탄소 중립에도 정의로움이 필요하다

석탄 발전소가 없어지면 내 일자리는 어떡하죠?

2023년 7월 11일, 전국전력산업노동조합연맹이 정부가 노동자를 배제한 채 의결한 '탄소 중립 기본 계획안'이 위법이라며 소송을 제기했습니다. 이 계획에 따라 석탄 발전소가 폐쇄될 예정이지만, 정작 당사자인 발전소 노동자와 지역사회와 충분한 협의가 이루어지지 않았다는 겁니다.

최철호 전력연맹 위원장은 "기후 위기 대응으로 인해 가장 큰 영향을 받는 노동자들이 정책 결정 과정에 주도적으로 참여하는 것이 정의로운 전환의 출발점이다."라고 말했습니다.

정부는 2036년까지 전국 석탄 발전소 59기 중 낡고 오래된 28기를 단계적으로 폐쇄하기로 했어요. 2023년 1월에 발표된 제10차 전력수급기본계획에 따라 온실가스 배출량이 많은 석탄 발전소의 비중을 낮추고 LNG 등 탄소 배출량이 비교적 적은 연료를 쓰는 발전소로 교체하려는 거예요.

석탄 발전소는 흔히 탄소 중립으로 가는 과정에서 없애야 할 악당처럼 묘사되죠. 우리나라만 해도 국가 온실가스 배출량 중 25%를 석탄 발전소가 차지합니다. 그런 만큼 석탄 발전소를 축소하거나 폐쇄하는 건 환영해야 할 일이지만 거기에 따르는 문제가 적지 않습니다.

우리나라 석탄 발전소는 충청남도에 몰려 있어요. 59기 중 무려 29기가 이 지역에 있지요. 문재인 정부 시기에 이미 충청남도 보령 1·2호기가 폐쇄됐고, 윤석열 정부 시기에도 충청남도 태안 1·2호기와 보령 5·6호기가 폐쇄돼요.

이렇게 석탄 발전소가 폐쇄되면 당장 거기서 일하는 노동자의 일자리가 위태롭게 됩니다. 실제로 어떤 일이 벌어졌는지 살펴보지요. 2021년까지 서천, 영동, 보령, 삼천포 등에서 이미 석탄 발전소 8기가 폐쇄되었는데, 여기서 근무하던 발전사 직원은 601명이었어요. 이들은 모두 새로운 직무나 일자리로 재배치됐어요.

석탄 운반, 발전 시설 점검, 석탄 폐기물 처리 등은 발전소가 직접 하지 않고 다른 회사가 해요. 이런 회사를 협력 업체라고 부릅니다. 폐쇄된 석탄 발전소의 협력 업체 직원은 총 667명 가운데 606명만 재배치됐어요. 22명은 정년퇴직으로 그만뒀지만 39명은 일자리를 잃은 거예요.

재배치된 인력 가운데 224명은 다른 석탄 발전소로 이동했어요. 앞으로 석탄 발전소 폐쇄가 줄줄이 예정되어 있으니까 이들은 다시 일자리를 잃을 처지에 내몰릴 수도 있지요. 실제로 2025년부터 2036년까지 충청남도에서만 석탄 발전소 14기가 더 폐쇄될 예정입니다. 산업통상자원부가 발표한 자료에 따르면, 이에 따라서 고용이 불안해지는 노동자가 7,577명에 이를 거라고 합니다.

석탄 발전소 폐쇄의 영향은 여기에 그치지 않습니다. 지역에서 가장 큰돈을 벌어들이던 공장과 산업이 축소되거나 사라지면 그곳에서 일하던 사람들이 새로운 일자리를 찾아 지역을

탄소중립녹색성장위원회에 노동계 참여 보장을 요구하는 기자회견 © 한국전력산업노동조합연맹

옮기게 됩니다. 이런 인구 축소의 연쇄 작용으로 지역 경제가 위축되지요. 단순한 예를 들면, 석탄 발전소 주변의 식당은 손님이 크게 줄어 문을 닫을 수밖에 없겠죠. 2021년에 발표된 산업통상자원부 용역 보고서에 따르면, 석탄 발전소가 문을 닫으면 충청남도 기대 생산 금액 중 19조 6,000억 원 정도가 줄어듭니다.

앞으로 더 많은 석탄 발전소가 폐쇄될 텐데 그때마다 이런 일이 벌어지는 걸 방치할 수밖에 없을까요?

이 질문에 답을 내기 위해 출발한 것이 **정의로운 전환**이에요. 탄소 중립 사회로 나아가는 과정에서 피해를 보게 될 지역 및 산업 종사자를 보호하는 정책 방향을 가리키는 말입니다. 탄소 중립으로 나아가야 한다는 것에는 공감하지만 그 과정에서 특정 산업의 노동자나 지역, 국가가 피해를 보는 것은 불합리하다는 거죠. 앞으로 자동차, 철강 등 탄소 배출량이 많은 산업에서도 비슷한 일이 생길 수 있는 만큼, 정의로운 전환은 매우 중요한 정책이에요.

유럽연합을 필두로 영국, 미국 등에서는 정의로운 전환의 법제화를 추진했어요. 산업재편성으로 일자리를 잃게 될 노동자들에게 재취업 교육과 대체 고용, 생계 지원금, 사회보험 등을 보장하려는 거죠.

폐쇄된 석탄 발전소 터에 재생에너지 발전소나 과잉 생산된 전력을 저장하는 에너지 저장 장치 단지를 건설하는 방안도 논의되고 있어요. 이런 시설은 석탄 발전소가 사용하던 전력망을 이용할 수 있고 일자리 창출 효과도 있다는 장점이 있죠.

국가나 지역이 자체적으로 기금을 모아서 대체 일자리 마련, 재교육 등에 힘을 쏟기도 합니다. 그리스는 유럽에서 가장 먼저 탈석탄을 선언하고 국가 스스로 정의로운 전환 기금을 마련했습니다. 이 과정에서 탈석탄 전환의 영향을 직접 받는 당사자들의 참여를 적극적으로 독려하기도 했어요.

충청남도도 정의로운 전환을 위해 100억 원 규모의 기금을 마련하고 고용 승계나 재취업 훈련, 취업 알선 등을 지원하겠다고 나섰어요. 석탄 발전소 폐쇄로 줄어들 것으로 추정되는 19조 6,000억 원에 비하면 턱없이 적은 금액이지만 출발은 한 겁니다.

탄소 중립이 정말로 정의로운 과정이 되려면 최대한 많은 사람이 납득할 방향을 선택해야겠죠. 2022년 7월 사회공공연구원의 조사 결과, 발전사 비정규직 노동자 가운데 74%가 "고용이 보장되면 발전소 폐쇄에 찬성한다."라고 밝혔습니다. 피해

를 볼 가능성이 가장 큰 사람들도 석탄 발전소 폐쇄라는 방향
에는 동의한다는 거죠. 이들을 정책 결정에 참여시키는 것이
정의로운 전환의 출발점이라는 말에 수긍이 갑니다.

온실가스 배출 1위 철강사들의
저탄소 전환 노력

철강 산업 친환경으로 전환 가능할까?

철강은 두 얼굴을 지니고 있습니다. 가장 중요한 원자재인 동시에 탄소 배출의 주요 원인입니다. 발전, 도로 등 다른 부문은 저탄소 기술로의 전환이 진행되고 있지만, 철강은 여전히 100년 전 생산기술에 의존하고 있습니다.

유럽과 아시아의 많은 철강 업체가 친환경 전환 계획을 구상하고 있는 반면에 미국 철강 업체들은 아직 진지한 제안을 내놓지 못하고 있습니다.

지금으로부터 약 3,500년 전 고대 히타이트 왕국. 평소처럼 왕이나 귀족에게 바칠 청동 기물을 만들던 한 장인은 전율에 온몸을 떨었습니다.

분명 청동에 들어가는 구리를 뽑기 위해 불그스름한 돌덩어리로 작업했는데 결과물이 확연히 달랐습니다. 더 단단하고 더 강했죠. 목재는 물론이고 청동과 돌까지 이 물질 앞에선 점토처럼 부서져 나갔습니다.

그가 발견한 건 바로 철, 청동기시대를 끝내고 철기시대를 열어젖힌 순간이었습니다. 수천 년이 지난 현시점에서도 철이 없는 인류 문명을 생각할 수 없죠.

어쩌면 철을 발견한 장인이 원했던 물질이 아니라는 사실에 당황했을지도 모르지요. 고대 장인이 정말로 착오로 철을 발견했는지도 분명하지 않습니다. 기록이 없거든요. 다만 현대인들이 그랬을 가능성이 가장 높다고 추측할 뿐입니다.

철은 은빛이고 구리는 적갈색이지만, 둘 다 자연 광물 상태에서는 붉은빛을 띱니다. 산소가 금속원소와 결합하여 색을 바꾸기 때문입니다. 금속과 산소가 결합하는 걸 산화라고 합니다. 이 현상을 보통 "녹이 슬었다."라고 표현하지요. 구리나 철이 섞인 암석은 녹이 슨 상태라 둘 다 붉게 보입니다. 인류가 문명의 토대인 철을 발견한 건 산소가 만든 '붉은빛 우연' 덕분인 셈입니다.

현대사회에서 이 붉은빛은 기후 위기를 악화시키는 큰 골칫거리가 됐습니다. 철에서 산소를 떼어 내는 과정에서 막대한 이산화탄소가 배출되기 때문이죠. 철이 산소를 함유하고 있으면 완성품의 품질이 떨어집니다. 녹슨 칼이 얼마나 무딘지 생각해 보세요. 따라서 좋은 철을 만들려면 반드시 산소를 제거해야 합니다. 이 과정을 환원이라고 합니다.

인류는 고대 대장간에서부터 환원 재료로 탄소를 사용했습니다. 나무에서 다른 불순물을 제거한 순수한 탄소 덩어리인 숯이 바로 그 재료였죠. 산소가 탄소와 만나면 폭발적인 반응을 일으키며 결합한다는 점을 이용한 것이죠. 철광석에 붙어 있던 산소(O)는 숯의 탄소(C)와 만나 일산화탄소(CO)나 이산화탄소(CO_2)가 되어 공기 중으로 날아갑니다.

18세기부터 인류는 환원 재료로 석탄을 사용하기 시작합니다. 사실 석탄은 불순물이 많아 숯에 비해 품질이 나쁜 재료로 취급받았습니다. 삼림 벌채가 심해지며 숯이 줄어들고, 산업화 과정에서 더 강도 높은 철이 필요해지자 학자들이 다른 방안을 찾았습니다. 석탄에서 불순물을 빼내고 순수한 탄소 덩어리로 만드는 방법을 발명한 거지요. 이 탄소 덩어리를 코크스라고 부릅니다.

코크스를 이용하면서 철강 산업이 폭발적으로 성장하기 시작합니다. 기껏해야 마차 바퀴나 칼밖에 만들지 못했던 인류가 철로 수십 킬로미터에 이르는 철도를 놓고 고층 빌딩을 짓게 되었죠. 그만큼 많은 탄소가 공기 중으로 배출됐습니다. 2022년 전 세계적으로 철강 약 18억 7,000만 톤이 생산됐습니

막대한 탄소를 배출하는 제철소 © Chad Nagle

다. 이 과정에서 탄소가 26억 톤 정도 배출됐습니다. 인간이 한 해 배출한 탄소의 7~9%입니다.

우리나라도 철강 산업과 밀접한 관련이 있습니다. 산업화 과정에서 포항제철(현 포스코) 등이 중요한 역할을 했죠. 한국 철강 산업은 한 해 탄소 약 1억 톤을 배출합니다. 우리나라에서 산업 활동으로 배출되는 탄소의 40%나 차지하죠. 우리나라가 탄소 중립을 달성하기 위해서는 철강 부문의 탈탄소 전략이 필수적입니다.

그런데 일부 철강업계에서는 도무지 탄소 배출량을 줄일 방법이 없다며 아우성을 칩니다. 석탄 없이 어떻게 철에서 산소를 없애냐는 거죠. 일부 기업가들과 학자들은 완전히 새로운 종류의 기술 발명이 필요하다고 주장합니다. 고대 히타이트 장인이 철을 발견했던 것처럼, 새로운 산소 제거 방법을 번쩍 떠올릴 또 하나의 기적이 필요하다는 겁니다. 이 주장이 진실이라면 기적이 없이는 우리가 기후변화를 막을 수 없겠죠.

그런데 혹시 기적이 필요하다는 말에는 아무것도 하지 않겠다는 뜻이 숨어 있는 게 아닐까요? 환경 전문가들과 주요 철강 기업들은 기적 같은 건 필요 없다고 보고 있습니다. 현재 지식과 기술로도 충분히 문제에 대처할 수 있다는 연구 결과를 내놓고 있죠. 몇 가지를 소개할 테니 정말 하늘만 바라보며 기적을 기다릴 일인지 판단해 보세요.

대표적으로 철 자투리를 재활용하는 방법이 있습니다. 철강 생산, 건물 철거, 수명을 다한 기계와 선박 해체 과정에서 나오는 쇳조각이나 부스러기 등을 철 스크랩이라고 합니다. 철 스크랩은 이미 산소가 많이 제거된 상태입니다.

지금은 철광석을 석탄으로 태우는 것이 철 스크랩을 긁어모으는 것보다 값싸고 편하다는 이유로 잘 사용하지 않습니다.

하지만 재생에너지로 생산한 전기로 철 스크랩을 녹여서 새로 철을 만들면 탄소 배출량을 40~80% 줄일 수 있죠. 이밖에 코크스와 철광석을 배합하는 방식에 따라 탄소 배출량을 크게 줄일 수 있습니다.

탄소가 아니라 수소를 이용하여 산소를 환원하는 궁극적인 방법도 연구 중입니다. 수소도 탄소와 마찬가지로 산소와 잘 결합하는 물질입니다. 수소는 산소와 결합하여 물(H_2O)이 되니 이산화탄소 걱정을 할 필요가 없죠. 전문가들은 철강 제조 과정에서 수소를 환원 재료로 사용하면 탄소 배출량을 80% 이상 줄일 수 있을 거라고 봅니다. 다만 수소는 저장하기가 어렵고 비용도 비싸서, 2040년 이후에야 이 방법을 쓸 수 있다고 합니다.

철강 회사들은 기술 개발에 속도를 내겠다고 약속하지만, 기술 개발에는 돈이 들기 때문에 내부적으로 저항도 상당하다고 합니다. 시민들이 철강 회사의 전환을 더욱 독려해야 하는 이유입니다.

석유를 넘어서는 태양광발전

태양광발전 투자액 사상 처음 석유를 넘어서

국제에너지기구(IEA)는 2023년에 총 1조 7,000억 달러가 넘는 금액이 청정에너지 기술에 투자될 것으로 예상했습니다. 특히 태양광발전에 대한 예상 투자 규모는 3,800억 달러로 사상 처음으로 석유 생산 투자비 3,700억 달러를 넘어설 것으로 보입니다.

국제에너지기구 사무총장 파티흐 비롤은 "투자 동향에서 드러나듯, 청정에너지 기술이 화석연료와의 격차를 벌리고 있다."라고 평가했습니다.

20세기는 석유의 시대였습니다. 전력은 물론 농업, 수산업, 공업, 군수산업, 통신 등 거의 모든 산업이 석유를 기반으로 움직였죠. 우리가 입는 옷도 대부분 석유에서 뽑은 섬유로 만들고, 안 쓰이는 곳이 없는 플라스틱도 석유를 원료로 생산합니다.

20세기 석유의 영향력을 잘 보여 주는 사건이 두 차례 석유 파동입니다. 1973년에 석유수출국기구 산유국들이 중동전쟁에서 이스라엘을 지원한 나라에 원유 수출을 금지하고, 가격을 올리면서 1차 석유파동이 일어납니다. 1979년에는 이란혁명으로 원유 생산량이 대폭 감소하면서 2차 석유파동이 발생했죠. 두 차례 모두 전 세계 경제가 성장률 둔화 등 큰 타격을 받았습니다. 그 충격이 얼마나 컸으면 석유파동을 오일쇼크라고도 부르겠어요.

스페인 태양광발전 시설 PS20 © kallerna

21세기 들어서도 배럴당 3달러가 올랐다거나 100달러를 넘어섰다거나 하는 국제 유가 뉴스가 심심치 않게 등장합니다. 석유의 영향력이 여전하다는 증거죠. 석유 가격이 상승하면 세계 주식시장이 휘청이는 건 또 다른 증거입니다. 그런데 이 기사를 보니 굳건하던 석유의 지위가 흔들리기 시작한 것 같습니다.

석유는 매장량에 한계가 있어 언젠가는 고갈될 자원입니다. 그 시점이 언제일까요? 석유를 캐기 시작했을 때부터 예측이 나왔습니다. 1950년대 과학자들은 20년이 남았다고 했고, 1980년대에는 30년 남았다는 기사가 자주 나왔어요. 이 예측이 맞았다면 이미 우리는 석유 없는 시대를 살고 있겠죠.

불행인지 다행인지 고갈 시점 예측은 모두 틀렸습니다. 새로운 유전 발견과 시추, 석유정제 기술의 발전으로 석유 생산량 자체는 줄어들지 않고 있습니다. 기존 기술로는 채굴할 수 없었던 석유를 뽑아낼 수 있는 새 기술이 개발되고, 석유가 갇힌 새로운 지층을 찾아내고 있기 때문입니다.

대표적인 예가 셰일(진흙 퇴적암) 속에 갇혀 있는 **셰일 오일**입니다. 셰일 오일은 미국, 캐나다 등 북아메리카와 브라질, 아르헨티나 등 남아메리카에 주로 매장되어 있습니다. 기존 기술로는 이 석유를 뽑아낼 수 없었는데, **수압 파쇄법** 또는 **프래킹**이라 불리는 새 기술이 등장하면서 사용할 수 있게 됐죠.

미국은 이 기술로 자기 땅에서 셰일 오일을 채굴하면서 국제 석유 시장의 주요 공급자로 떠올랐습니다. 그러면서 미국과 중동 산유국의 국제 관계도 변화했습니다. 미국이 중동에서 나는 석유에 의존할 필요가 없어진 거죠.

일각에서는 앞으로도 새 기술이 개발되면서 석유 경제가 끈질긴 생명력을 이어갈 수 있다고 진단합니다. 하지만 석유가 언젠가는 고갈될 자원이라는 사실에는 변함이 없습니다. 그때를 대비해 석유를 대체할 에너지원을 찾는 일을 미룰 수는 없죠. 전 세계가 대체에너지로 전환에 나선 이유는 또 있습니다. 기후변화 때문입니다. 석유 사용이 온실가스 배출의 주범으로 밝혀지면서 모든 나라가 탄소 배출량을 줄여야 하고, 그러기 위해서는 석유에 대한 의존도를 줄여야 하는 상황이지요.

태양광발전은 향후 석유 등 화석연료 의존도를 줄일 대표 에너지원으로 꼽힙니다. 햇빛을 이용하므로 온실가스 등 오염물질을 배출하지 않습니다. 발전 시설을 설치해 놓으면 석탄이나 가스 발전과 달리 추가로 연료를 투입할 필요도 없지요. 대규모 발전소를 지을 수도 있고, 주택 지붕에 얹어도 될 만큼 작은 규모로 설치할 수도 있습니다. 우리나라는 아파트 베란다에 태양광발전 설비를 설치하기도 합니다.

세계의 투자자들은 미래 가치를 보고 앞서서 움직입니다. 이들이 석유산업보다 청정에너지 기술의 대표 격인 태양광발전에 더 많은 투자를 했다는 건, 석유의 미래 가치가 그만큼 떨어졌다는 거죠. 이를 석유 시대에서 청정에너지 시대로 나아가는 분기점으로 해석하기도 합니다. 오만을 비롯한 중동 산유국들도 대규모 태양광발전소를 건설하는 걸 보면, 재생에너지가 거스를 수 없는 흐름으로 보입니다.

이 같은 흐름은 통계자료에서도 확인할 수 있습니다. 영국의 싱크탱크 엠버의 분석에 따르면, 2023년 전 세계 재생에너

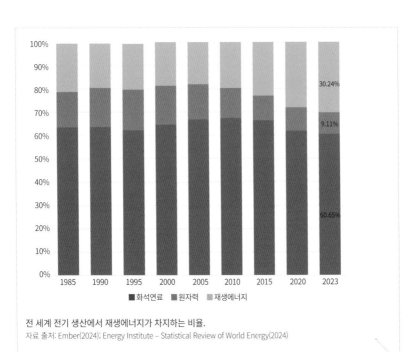

전 세계 전기 생산에서 재생에너지가 차지하는 비율.
자료 출처: Ember(2024); Energy Institute – Statistical Review of World Energy(2024)

지 발전량이 전체 발전량의 30.0%를 차지했습니다. 한 해 동안 태양광 발전량은 23.2%. 풍력 발전량은 9.8% 늘어났지만, 석탄 발전량은 1.4% 증가에 그쳤습니다. 한편, 국제에너지기구는 '2023년 중기 시장 보고서'에서 세계의 석유 수요가 2023년 하루 240만 배럴에서 2028년 하루 40만 배럴로 줄어들 거로 전망했습니다.

우리나라 재생에너지 발전량은 어떨까요? 같은 분석 자료에서 우리나라 재생에너지 발전량 비율은 9%로 나타났습니다. 태양광과 풍력만 따지면 5%로 세계 평균인 13%는 물론, 12%를 기록한 일본과 16%를 기록한 중국에도 뒤처지는 수준입니다. 우리가 큰 흐름을 제대로 따라가고 있는 건지 의심이 드는 결과입니다.

소비자는 부담스럽고,
생산자는 적자를 보는 전기 요금

10명 중 7명이 모르는 원가 연계형 전기 요금제

에너지 전문 NGO 네트워크인 에너지시민연대가 원가 연계형 전기 요금
체계 개편에 대한 시민들의 인식을 조사했습니다. 전기 요금 체계 개편
여부에 대해 '모른다'는 응답이 74.6%로 '안다'는 응답에 비해
3배가량 높았습니다. 전기 요금 체계 개편으로 인한 친환경 저탄소 실천
필요성에 대한 인식 변화에 관한 질문에는 응답자의 75%가
'인식 변화가 있다'고 답해 저탄소 생활의 필요성에 대한 인지도는 높은
것으로 나타났습니다.

- -

전기세와 전기 요금 중 뭐가 맞을까요? 당연히 전기 요금이
지요. 일본이나 유럽은 개인이 직접 전기 요금제를 선택합니
다. 하지만 우리나라는 한국전력이 제공하는 동일한 요금제가
모두에게 적용됩니다. 모두가 똑같은 기준을 적용받다 보니
국민이라면 내야 하는 세금과 비슷하게 인식된 거지요. 수도
요금을 수도세라고 부르는 것도 같은 이유입니다.

세금이 아닌 전기 요금은 어떻게 결정될까요? 원자력, 화력,

수력, 가스, 풍력, 태양광, 지열 등 발전 방식은 다양합니다. 이들의 공통점은 어떤 방식을 선택하든 비용이 든다는 거죠.

2023년 기준, 우리나라 발전량에서 각 방식이 차지하는 비중은 석탄(31.4%), 원자력(30.7%), LNG(26.8%), 신재생에너지(9.6%) 순서입니다. 참고로 **신재생에너지**는 수소, 연료전지, 석탄으로 만든 액체 연료와 가스 등 신에너지와 태양광, 태양열, 풍력, 수력, 해양, 지열 등 재생에너지를 합쳐서 부르는 것입니다.

우리나라 에너지원별 발전량(2023년)
자료 출처: 한국전력통계

이 통계를 잘 살펴보면, 석탄, 우라늄, LNG를 사용하는 발전 방식이 전체의 90%에 달합니다. 이들 대부분은 수입해서 사용하지요. 신에너지도 상당 부분은 수입한 재료로 생산하는 만큼, 우리나라가 수입에 의존하지 않고 발전할 수 있는 방식은 태양광과 풍력 등 재생에너지입니다. 하지만 전체 전력 생산에서 재생에너지가 차지하는 비중은 아직 미미합니다. 영국 씽크탱크 엠버가 분석한 자료에 따르면, 2023년 기준 우리나라 재생에너지 발전량 비중은 9%입니다.

역사적으로 에너지 수급은 국제 정세의 영향을 크게 받았습니다. 다른 글에서 살펴본 석유파동이 대표적 사례지요. 최근에도 러시아와 우크라이나 전쟁으로 전 세계 에너지 가격이 급등했습니다. 러시아가 우크라이나를 침공하기 한 해 전인 2021년, 유럽 국가들은 천연가스의 45%, 원유의 22%, 무연탄(석탄)의 48%를 러시아로부터 수입하고 있었습니다. 2022년 4월 러시아가 우크라이나를 침공하자 유럽연합은 이를 비난하며 러시아산 석유와 석탄 수입을 금지했습니다. 러시아는 유럽연합에 가스 수출을 금지하며 보복에 나섰죠. 유럽의 천연가스 가격은 2달러에서 91달러로 45배나 올랐고 전기 요금 또한 올랐습니다.

에너지 가격이 오르자 어떤 일이 일어났을까요? 스페인은 극장, 영화관, 박물관의 에어컨 온도를 27도 이하로 낮추지 못하도록 했고, 영국의 한 회사는 일부 고객을 대상으로 도시가스 공급을 중단하기도 했습니다.

그런데 왜 우리나라에서는 이런 일이 벌어지지 않을까요? 우리나라는 전체 천연가스 수입의 64%를 미국, 호주, 카타르 등 3개국에 의존하고 있습니다. 가스 수입 가격은 시시각각 변하지만, 그에 따라 전기 요금이 오르거나 내리거나 하지 않기 때문이죠.

우리나라는 2021년에 원가 연계형 전기 요금 체계를 도입했습니다. 전기 요금을 가스, 석탄 등 발전에 사용하는 연료 가격 변화에 맞추어 올리거나 내리는 제도죠. 기사 내용을 보니 시민들은 이 제도가 시행되고 있다는 것조차 잘 모르고 있네요.

그간 연료비가 비싸졌으니 이 제도에 따라서 몇 차례 전기 요금을 올려야 했는데, 실제로는 그러지 못했습니다. '전기 요금 인상 예정'이라는 기사가 나오면, 바로 '전기 요금 폭탄'이라는 말이 등장했고, 지지율에 신경을 쓰는 정부가 반대 여론을 무릅쓰고 인상을 밀어붙이지 못한 결과였죠. 코로나19 팬데믹으로 경제 사정이 나빠진 것도 한 원인이었어요.

이렇게 연료 비용이 전기 요금에 제대로 반영되지 못하면 어떤 일이 생길까요? 전기를 공급하는 기업이 손해를 보겠죠. 실제로 우리나라 전기를 독점 공급하는 공기업인 한국전력은 해마다 적자를 보고 있습니다. 2021년 약 5조 8,000억 원, 2022년 약 32조 6,000억 원, 2023년 약 4조 5,000억 원 등 지난 3년간 43조 원이 넘는 적자를 기록했습니다. 한국전력의 부채는 2023년 말 기준으로 202조 4,000억 원에 달합니다.

연료 가격이 내려갈 때 적자를 메우면 되지 않느냐고 생각할 수도 있습니다. 하지만 단기적으로는 그런 일이 가능할지 몰라도, 장기적으로 연료 가격이 내려갈 가능성은 별로 없습니다.

우리나라의 전기 요금은 저렴한 편입니다. 2020년 가정용 전기를 기준으로 MWh당 103.9달러로 OECD 34개 회원국 중 31위였습니다. OECD 평균(170.1달러)의 약 61%로 전기 요금이 가장 높았던 독일(344.7달러)의 30% 정도밖에 안 됩니다. 이 외에도 벨기에(313.5달러), 덴마크(306.7달러), 이탈리아(289.3달러), 스페인(274.8달러), 아일랜드(261.3달러), 일본(255.2달러)도 우리나라보다 전기 요금이 높았습니다.

반면 1인당 전기 사용량은 연간 1만 134kWh로 캐나다(1만 4,098kWh)와 미국(1만 1,665kWh)에 이어 3위라는 높은 순위를 차지했습니다. 가격이 저렴한 만큼 사용에 부담이 없는 것이죠.

한국전력은 전기를 독점 공급하는 공기업입니다. 적자가 많다고 다른 기업처럼 망하게 내버려둘 수 없다는 거죠. 한국전력의 적자는 세금이나 미래에 더 높은 요금으로 메울 수밖에 없습니다. 게다가 한국전력은 기후 위기에 맞서 에너지 전환을 책임져야 할 핵심 역량이기도 합니다. 적자에 허덕이는 상황에서는 장기적 안목으로 중요한 일을 하기 어렵지요. 전기

요금 인상, '전기 요금 폭탄'이라는 말을 하며 마냥 미룰 일은
아니겠죠?

AI 기술 사용이 늘어나면
에너지가 부족해지지 않을까요?

AI, 기후 위기 해결사인가 걸림돌인가

국제에너지기구(IEA)는 최근 '2024년 전기 보고서'에서 2022년
전 세계 데이터센터에서 사용된 전력은 세계 전체 전력 수요의 2%에
해당하는 460테라와트시(TWh)였으나 2026년에는 소비량이
620~1,050TWh까지 불어날 것으로 분석했습니다. 이는 일본의 한 해
전력 수요에 맞먹는 규모입니다. 생성형 AI 보급이 데이터센터 설립과
전력 소비를 가속화하고 있는 것입니다.

이 글을 쓰고 있는 2024년 현재 인공지능(AI) 열풍이 불고 있
습니다.

챗GPT로 생성형 AI 열풍을 불러일으킨 오픈AI는 2024년 5
월 13일 실시간 음성과 대화를 기반으로 작동하는 GPT-4o를
공개했습니다. 영화에 나오는 AI처럼 자연스럽고 섬세한 반
응으로 세계를 또 한 번 놀라게 했습니다. 구글, 마이크로소
프트, 메타, 애플 등 다른 빅테크 기업도 AI 기술을 개발하면

서 경쟁을 한층 더 부추기고 있지요. 우리나라 네이버도 초거대 AI인 하이퍼클로바X를 기반으로 생성형 AI 서비스를 검색에 적용했습니다.

생성형 AI는 텍스트, 이미지, 동영상 등을 생성할 수 있는 AI를 말합니다. 데이터를 분석하거나 최적화된 검색에 쓰이던 기존 AI와 달리 직접 콘텐츠를 만드는 거죠. 챗GPT는 텍스트로 명령만 입력하면 어니스트 헤밍웨이 스타일의 소설을 뚝딱 쓰고, 그래픽 디자이너가 적어도 반나절을 걸려 그릴 듯한 이미지를 불과 몇 분 만에 만듭니다.

우리가 수시로 활용하는 인터넷 검색과 작업에도 생성형 AI가 접목되기 시작했습니다. 오픈AI의 챗GPT가 생성하는 가상 이미지는 이제 인터넷 기사에서도 흔히 보입니다. 마이크로소프트의 코파일럿, 구글의 제미나이, 네이버의 큐에 이르기까지 문답 방식의 검색이 확대하고 있습니다.

생성형 AI 산업이 기후에는 어떤 영향을 끼칠까요? 우선 생성형 AI 산업은 막대한 전력 수요를 촉발한다는 점에서 기후 위기에 부정적입니다. 2024년 1월 공개된 국제에너지기구의 전력 보고서에 따르면, 현재 구글 검색은 1회당 평균 0.3Wh를 소모합니다. 챗GPT는 요청 1건당 2.9Wh의 전력을 사용하지요. 생성형 AI 검색이 기존 검색 엔진보다 10배 넘는 전력을 소모하는 겁니다.

AI 모델을 개발하고 구동하려면 천문학적 용량의 데이터를 저장하고 학습할 수 있는 데이터센터가 필수입니다. 데이터센터는 전력 계통에 매우 큰 부담을 주는 인프라입니다.

기후 위기에 대응하기 위해 내연기관 자동차를 전기차로 바꿔야 한다는 이야기를 많이 들어 보셨죠? 이를 전동화라고 부릅니다. 기존에 석유를 태워 작동시켰던 많은 기계 장치도 전동화하면서 전력 수요가 커질 전망입니다. 여기에 더해 AI로

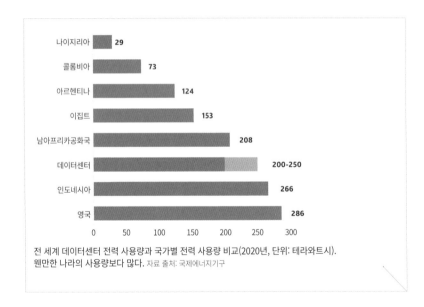

전 세계 데이터센터 전력 사용량과 국가별 전력 사용량 비교(2020년, 단위: 테라와트시). **웬만한 나라의 사용량보다 많다.** 자료 출처: 국제에너지기구

인한 전력 수요 상승까지 감당해야 하니 전력 확보가 시급한 문제로 떠올랐습니다.

그렇다고 온실가스를 배출하는 석탄과 가스 발전량을 늘릴 수는 없습니다. 태양광, 풍력 등 재생에너지를 활용해 커진 전력 수요를 감당해야 합니다. 재생에너지는 발전량이 들쭉날쭉한 변동성 문제가 있습니다. 태양광발전은 밤에는 전력을 생산하지 못하고, 낮에도 날씨에 따라 발전량의 변동이 심합니다. 풍력발전도 바람 세기에 따라 발전량이 수시로 변합니다. 재생에너지 발전량을 늘리는 한편으로 변동성을 제어하는 전력 계통 운영과 에너지 저장 장치를 활용한 잉여 전력 저장 등 기술이 필요한 상황입니다. 특히 전력 계통의 안정적 운영을 위해서는 재생에너지 발전량을 고도로 예측하는 기술이 중요합니다.

2016년 구글 딥마인드가 개발한 AI 바둑 프로그램 알파고가 세계 최고 바둑 기사인 이세돌 9단을 꺾었습니다. 당시 전 세계는 AI 기술의 진보에 충격을 받았죠. 한편으로는 데이터를 활용하는 산업에 AI를 접목하면 궁극의 효율성을 확보할 거라는 기대감도 높아졌습니다.

에너지 분야도 마찬가지였습니다. 구글은 재생에너지 관리

AI를 선보이기도 했죠. 재생에너지의 변동성을 정교하게 예측하여 최적화된 전력 생산과 소비를 설계하는 게 목표였습니다. 이렇듯 AI는 전력 수요를 높이는 주범인 동시에 재생에너지 발전원을 효율적으로 관리할 수 있는 기술이기도 합니다.

글로벌 빅테크 기업들은 AI에 필요한 전력을 재생에너지로 조달하는 일에 직접 나서기도 합니다. 그래야 환경을 보호하고 기후 위기에 대응하는 기업으로서 가치를 인정받을 테니까요. 마이크로소프트는 2024년 5월 2일 캐나다 대체 자산 전문인 브룩필드자산운용과 재생에너지 전력 개발 계약을 맺었습니다. 풍력과 태양광 발전소를 새로 건설해 10.5GW 이상의 재생에너지 전력을 확보하기로 한 것입니다. 마이크로소프트가 활용하는 AI에 필요한 전력을 조달받기 위해서죠. 마이크로소프트는 재생에너지 운영에 AI 기술을 활용할 것으로 예상됩니다. 이 예에서 보듯 AI는 양면적인 특성이 있습니다.

인류가 기후 위기 대응에 AI를 활용하는 방안도 생각해 볼까요. 기후 위기는 거대하고 복합적이며, 임계점을 넘어가면 예측할 수 없다는 점에서 무섭습니다. 거대한 고성능 AI가 세계의 기상 환경과 탄소 배출, 전력 소비 등을 계산하고 예측한다면, 인류의 기후 위기 대응이 훨씬 효과적으로 이루어질 것입니다. 우리가 기후 위기에 대응하기 위해 AI를 활용한다는 지향점을 갖고 있다면, AI가 인류의 난제를 해결할 수 있는 기술로 역사에 기록될 것입니다.

시민 행동
-실천과 정치

주민들이 빗물 관리에 나선 이유

"우리 정원이 물에 잠기는 게 안타까웠어요."
2023년 봄, 플레전트빌리지 커뮤니티 정원 회원들은 정원 통로를
새로 만들었습니다. 빗물이 고여 물웅덩이가 생기지 않고 땅속으로
빠르게 빠져나가는 통로입니다.
뉴욕의 이스트할렘 지역에 있는 이 정원은 미국 연방 재난관리청이 만든
홍수 지도를 보면 홍수 위험 구역입니다. 허리케인이 지나갈 때마다
정원에 물이 차올라 꽃밭이 망가지곤 했습니다. 그걸 안타깝게 여겼던
주민들이 스스로 대책을 찾은 겁니다.

하늘로 치솟은 높은 빌딩과 세련된 거리, 뉴욕은 세계에서
가장 유명한 대도시이자 많은 사람이 선망하는 도시죠. 그런
데 사실 뉴욕은 홍수 피해가 자주 발생하는 곳입니다. 지도를
자세히 들여다보면 그럴 만도 합니다.
　뉴욕은 대서양에 맞닿아 있는 해양 도시거든요. 허드슨강
이 뉴욕의 서쪽을, 이스트강이 동쪽을 감싸고 있어요. 뉴욕의
상징인 자유의 여신상은 바다인 어퍼만 한가운데 섬에 있습

플레전트빌리지 커뮤니티 정원 © Jim.henderson

니다.

이처럼 사방에 물이 가득한데, 기후변화로 해수면까지 상승하면서 홍수 위험이 더 커지고 있습니다. 게다가 100만 채가 넘는 고층 빌딩이 밀집하면서 아예 땅이 가라앉고 있어 문제가 더 심각하다네요. 미국 지질조사국 소속 연구진이 2023년 5월에 발표한 논문에 따르면, 뉴욕의 지반은 매년 평균 1~2㎜씩 가라앉고 있다고 합니다.

2023년 9월에는 뉴욕에 폭우가 쏟아지면서 도로와 지하철이 물에 잠겼습니다. 한 달 동안 내릴 만한 양의 폭우가 3시간 만에 한꺼번에 쏟아졌다고 해요. 100년 만에 한 번 올까 말까 한 기록적인 가을 폭우였어요. 캐시 호컬 뉴욕주지사는 "폭우는 기후변화의 결과이자 불행하게도 '뉴 노멀(새로운 표준)'이 될 것이다."라고 말했죠.

기사에 나온 이스트할렘은 뉴욕 맨해튼 북동부에 있는 동네입니다. 미국의 기후 위험을 분석하는 회사인 리스크 팩터는 향후 30년간 이곳에 일상생활에 지장을 주는 큰 홍수가 날 가능성이 높다고 예측했습니다. 이스트할렘의 건물 819곳이 홍수로 심각하게 훼손될 가능성은 약 26%입니다. 이 동네 건물 3곳 중 1곳이 위험한 셈이죠.

뉴욕의 홍수 위험을 키운 또 다른 큰 이유는 낡은 배수 시스템이에요. 평소에는 배수 파이프에 사람들이 쓰고 버리는 하수가 흐르는데, 비가 오면 빗물까지 이 파이프로 들어갑니다. 비가 적당히 온다면 괜찮겠지만, 예상치 못한 폭우가 내리면 파이프 용량을 초과하게 되죠. 결국 물이 빠져나가지 못하고 사람들이 다니는 길로 범람하게 됩니다.

이 지역에는 우리나라 반지하 빌라 같은 곳에 사는 사람들도 상당히 많아요. 이스트할렘의 주민들은 주로 흑인이나 히스패

닉, 아시아계 이민자들이 많은데, 이 중에서도 소득이 높지 않은 사람들은 좀 더 열악한 주거지를 선택하는 거죠. 2021년에 허리케인 아이다가 뉴욕을 덮쳤을 땐 반지하에 사는 많은 사람이 목숨을 잃었습니다. 2022년 8월 우리나라 서울에 기록적인 폭우가 내렸을 때 반지하에 거주하던 많은 시민이 사고를 당했던 것과 비슷합니다.

문제가 심각한데 그냥 둘 순 없겠죠. 뉴욕시는 이스트할렘 지역을 조금씩 고쳐 나가고 있습니다. 비좁은 하수 시스템을 확장하고, 강에서 물이 범람해 도심으로 들어오지 않도록 수변 공원도 고치고 있어요. 수년간의 공사가 끝나면 이 지역의 홍수 피해는 줄어들 거예요.

하지만 플레전트빌리지 커뮤니티 정원을 가꾸는 주민들은 조금 더 빠른 해결책을 원했습니다. 공들여 가꾼 정원이 매년 빗물로 망가지는 걸 보는 게 답답했던 거죠. 이들은 중앙 통로를 개조해 정원의 빗물이 잘 빠져나가도록 고치기로 했습니다.

주민들은 2022년에 인터넷에 글을 올려 보수 비용을 모금했어요. 1,141달러, 우리 돈 약 150만 원이 모였죠. 그해 겨울, 주민들이 모여 오손도손 새로운 길을 깔았습니다. 그런데 길을 만든 재료가 의외입니다. 흙 위에 격자무늬로 재활용 플라스틱 조각들을 깔았거든요. 꽉 막힌 포장도로 대신 빈틈이 있는 길을 만들어 물이 잘 빠지게 한 거죠.

얼핏 보면 대단한 변화가 아닌 것 같지만, 주민들이 손수 만든 홍수 대비 통로는 제법 쓸 만하다고 해요. 프로젝트를 주도한 주민 대표 김임 씨는 이렇게 설명했어요. "폭우가 내리더라도 중앙 통로에서 물이 빠르게 빠져나가 배수구로 흘러갑니다." 콘크리트로 포장한 기존 통로는 물이 땅으로 흡수되지 않아서 비가 와도 물이 자연스레 흘러가는 대신 고이곤 했는데, 이를 개선한 겁니다.

뉴욕 곳곳에는 이 같은 커뮤니티 정원이 500여 개나 있습니다. 뉴욕도 서울처럼 아파트와 빌라, 주택이 밀집해 있는데, 빌딩 숲에서 텃밭을 가꾸고 자연을 즐기려는 시민들이 작은 오아시스를 만든 거죠.

최근 들어 이런 **커뮤니티 정원**이 기후 위기로 인한 홍수에 대응할 수 있는 전초기지로 주목받고 있습니다. 아스팔트나 콘크리트로 포장하지 않은 정원의 토양이 빗물을 잘 흡수할 수 있기 때문이죠. 환경법 관련 비영리 단체인 어스저스티스(Earthjustice)에 따르면 커뮤니티 정원은 매년 6억 리터가 넘는 어마어마한 양의 물이 땅속으로 빠져나가는 데 도움을 준다고 합니다. 이에 뉴욕의 환경 단체들은 홍수 문제를 해결하기 위해 더 많은 지역을 커뮤니티 정원 또는 녹지로 바꿔야 한다고 주장하고 있어요.

　뉴욕의 이야기를 보며 우리나라 도시에 대해서도 생각하게 됩니다. 도시를 걷다 보면 나무와 꽃이 자라는 맨땅을 찾기 힘듭니다. 사방에 빗물을 전혀 흡수하지 못하는 아스팔트 길과 시멘트 구조물이 놓여 있죠. 이 순간에도 곳곳에 새 아파트와 빌딩을 건설 중이고요. 과학자들은 기후변화로 지구의 온도가 높아질수록 대기 중의 수증기가 늘어나고, 그만큼 폭우가 내릴 가능성도 높아진다고 분석합니다. 우리가 사는 도시에 폭우로 내린 엄청난 양의 빗물이 빠져나갈 틈새가 과연 충분한 건지 걱정이 됩니다.

펜실베이니아주의 시골 마을, 환경오염에 맞서 지역 헌장을 만들다

그랜트타운십 주민들, 대기업에 맞서 잠정 승리

2023년 5월, 에너지 기업 '펜실베이니아 제너럴 에너지(Pennsylvania General Energy, PGE)'는 펜실베이니아주 그랜트타운십의 빈 가스정에 폐수를 주입할 계획을 중단한다고 밝혔습니다.
이 회사는 수압 파쇄 작업에서 나오는 폐수를 가스 채굴로 생긴 빈 구덩이에 버리려 했습니다. 그러나 폐수가 식수를 오염시킬 수 있다는 문제가 발견돼 이 가스정을 막아 두기로 했다고 밝혔습니다. 이 결정은 그랜트타운십 주민들이 가스정 폐수 주입의 위험성을 지적한 지 약 10년 만에 나온 것입니다.

여러분이 사는 동네에 처음 본 사람이 나타나 쓰레기를 버리겠다고 하면 어떤 기분일까요? 너무나 황당해서 피가 거꾸로 솟는 느낌이 들 겁니다. 이 말도 안 되는 일이 그랜트타운십 주민들에게 일어났습니다.

2013년 어느 날, 주민들은 편지 한 통을 받았습니다. 에너지 기업 PGE가 마을 근처 빈 가스정에 수압 파쇄 때 발생하는 폐수를 주입하겠다는 계획을 세웠고, 이를 미국 환경보호국이 승인할 계획이라는 통지서였습니다.

수압 파쇄 장비 © Joshua Doubek

날벼락 같은 통지서가 배달되기 약 1년 전, 이미 PGE의 대리인들과 그랜트타운십의 공무원들 사이에 비밀스러운 이야기가 오갔습니다. 폐수 주입을 받아들이는 대가로 마을에 경제적 보상을 약속하는 내용이었죠.

PGE가 이런 계획을 세운 이유는 비용이었습니다. PGE는 펜실베이니아주 수압 파쇄 작업장에서 생긴 폐수를 트럭으로 6시간 이상을 달려야 하는 오하이오주의 빈 가스정에 주입하고 있었습니다. 가까운 곳에 폐수 처리장을 마련하면 연간 약 200만 달러(약 26억 원)를 절약할 거라 판단했죠. 땅은 넓은데 인구는 700여 명뿐인 그랜트타운십이 적절한 장소로 꼽혔습니다.

주민들은 PGE의 계획을 반대하고 나섰습니다. 이들이 마을 가스정에 주입하려는 건 단순한 생활 폐수가 아니었기 때문입니다.

보통 원유는 대량으로 저장된 유전에 구멍을 뚫어 채굴합니다. 하지만 퇴적층 사이사이에 들어 있는 원유는 이 같은 방식으로 뽑아내기 어렵습니다. 이는 가스도 마찬가지입니다. 이처럼 퇴적층에 포함된 원유와 가스를 각각 셰일 오일과 셰일 가스라고 합니다.

프래킹(fracking)이라고도 부르는 수압 파쇄법은 고압으로 암석을 부수어 원유나 가스를 뽑아내는 방식입니다. 먼저 퇴적암에 구멍을 낸 뒤 모래와 물, 화학물질을 섞어 강한 압력으로 구멍 속으로 분사합니다.

수압 파쇄는 여러 가지 문제를 일으킵니다. 우선 유독성 화학물질이 지층과 지하수를 오염시킵니다. 강한 압력을 쓰다 보니 가스가 엉뚱한 곳으로 나오기도 합니다. 실제로 미국의 몇몇 주에서는 수압 파쇄 시설 근처 주택에서 불타는 수돗물이 나왔습니다. 성냥에 불을 붙여 수도꼭지 아래에 대면 불길이 일고, 수돗물에서는 가스 때문에 거품이 일었다고 합니다. 2009년 미국 루이지애나주에서는 수압 파쇄용 화학물질이 유출됐는데, 이를 마신 소 17마리가 목숨을 잃기도 했지요.

이렇게 위험한 화학물질이 섞인 폐수를 마을 근처에 묻겠다니, 그랜트타운십 주민들은 대기업과 정부에 맞서 싸우기로 했습니다. 이들은 우아하고 민주적인 방법을 선택했습니다. 마을 주민들의 기본권, 특히 환경권의 중요성을 담은 헌장을 만들어 채택했거든요.

2014년에 완성된 헌장에는 이렇게 쓰여 있습니다. "그랜트타운십의 모든 주민은 이곳의 자연 공동체 및 생태계와 함께 공기, 물, 토양을 깨끗하게 할 권리를 가지며, 여기에는 석유와 가스 추출로 인한 폐기물 퇴적 등 경관적, 역사적, 미적 가치를 위협하는 활동으로부터 자유로울 권리가 포함된다." 그리고 헌장은 "정부나 기업이 이 마을에서 석유와 가스 폐기물을 처리하는 것은 '불법'이 될 것이다."라고 덧붙였습니다.

PGE는 이 헌장 탓에 그들이 수압 파쇄 폐수 저장 시설을 운영하려는 계획이 부당하게 중단되고 있다며 소송을 제기했습니다. 기업이 경제활동을 할 수 있는 헌법상 권리가 침해됐다는 주장이었습니다.

법원은 PGE의 손을 들었습니다. 당시 이 재판을 맡은 판사는 "석유와 가스 개발은 합법적인 사업 활동과 토지 사용이다."라고 결론을 내렸죠. 주민들은 이 결과를 받아들일 수 없었습니다. 이들은 대법원에 상소했고 법정 공방은 아직 진행 중입니다.

하지만 그 과정에서 그랜트타운십의 이야기가 미국 전역으로 퍼졌고, 수압 파쇄의 위험성을 알리는 연구 결과까지 나오면서 여론은 주민들 편에 섰습니다. 2023년 여름 미국 예일대학교 공공보건대학원이 발표한 연구도 그중 하나입니다.

펜실베이니아주에서는 최근 10년간 1만 개가 넘는 수압 파쇄 유정이 생겼습니다. 연구진은 수압 파쇄 작업장이 밀집된 남서부 4개 지역 어린이 2,500명을 조사했어요. 수압 파쇄 가스정 근처에 거주하는 2~7세 어린이가, 다른 지역에 사는 어린이보다 급성 백혈병에 걸릴 가능성이 2~3배 높다는 결과가 나왔습니다.

PGE는 기사에 나온 것처럼 폐수 저장 계획을 잠정 중단했습니다. 아직 대법원 판결이 나오지 않았지만, 주민들은 끊임없는 문제 제기로 이런 변화가 생겼다고 말했어요. "처음에는 모두 '헛된 싸움이 될 거다.'라고 말했어요. 하지만 이번 일로 우리가 가스업계가 생각하는 것처럼 그렇게 나약하지만은 않다는 것을 보여 준 것 같습니다."

환경보호냐 경제적 이익이냐, 이 두 가치가 충돌하는 일은 자주 일어납니다. 때로는 다수의 경제적 이익을 위해 소수의 환경권과 건강권을 무시하는 선택이 이뤄지기도 했죠. 대기업과 맞서 싸우기에는 피해를 보는 소수는 너무 약하기 때문입니다. 소수의 반대를 금전적인 보상으로 무마하는 일도 종종 있었고요.

그랜트타운십 주민들은 이같이 어려운 조건에서 자신들의 권리를 지키기 위해 10년 넘게 싸움을 이어 왔습니다. 이들의 싸움은 환경보다 경제를 우선시하는 선택이 당연하지 않다는 메시지를 던집니다. 또 민주적 절차를 거치지 않은 개발에는 이익보다는 위험이 따를 수 있다는 경종을 울립니다. 기업은 환경을 파괴하면서 이익을 얻겠지만, 섣부른 개발의 폐해로 주민과 어린이 등 무고한 희생자가 나올 수 있다고 말이죠.

미국 뉴저지주가 청소년들에게 기후변화 교육을 하는 이유

뉴저지주, 미국 최초로 기후변화 교육과정 채택

미국 뉴저지주는 2020년 주 정부 차원에서 기후변화에 관한 의무 교육과정을 채택했습니다. 미국 50개 주 중에서 최초로 내린 결정입니다.

앞으로 뉴저지주의 유치원과 초등학교, 중·고등학교는 학생들에게 기후변화와 관련한 지식을 가르쳐야 합니다. 기후 교육은 모든 학년과 모든 과목에 적용됩니다. 환경 수업은 물론 과학과 사회, 미술, 체육 등의 과목에서도 통합적인 기후 교육을 하게 됩니다.

여러분은 학교에서 기후변화에 대해 배운 적이 있나요? 워낙 중요한 이슈이니 과학 시간에 한두 번쯤은 이야기를 나눠 보았을 것 같네요. 요즘엔 기후·환경 동아리가 있는 학교도 꽤 있더라고요. 우리나라 중·고등학교 교육과정에는 '환경'이라는 선택 교과목이 있습니다. 이 과목 수업을 들어 본 분들도 있을 것 같습니다. 그렇지만 기후변화라는 주제가 우리 교육과정의 핵심은 아니지요.

뉴저지주가 내린 결정에 미국은 물론 다른 나라 사람들도 많이 놀랐습니다. 뉴저지주는 기후변화에 대한 교육을 의무 과정으로 채택했습니다. 그냥 "꼭 배워야 한다."라고 강조하는 데 그치지 않고, 모든 교과목에서 기후변화를 가르치도록 교육과정을 전면 개편했어요.

뉴저지주 정부가 교육과정을 바꾼 이유는 기후 위기의 시대를 살아갈 청소년들에게 준비가 필요하다고 판단했기 때문이에요. 학생들이 "기후변화가 왜, 어떻게 발생하는지 이해하고, 그 영향이 우리의 지역 공동체와 지구 전체에 어떤 영향을 미치는지 알며, 더욱 지속 가능한 방식으로 기후 행동을 할 수 있도록" 돕기 위해서죠. 이에 대해 미국 교육 전문가들은 이 같은 교육과정을 통해 학생들이 환경 변화에 더 잘 적응하고, 미래 녹색 경제에서 취업에 필요한 준비도 할 수 있을 거라고 평가했습니다.

기후변화 교육을 채택하는 데는 뉴저지주의 자연환경도 중요한 역할을 했습니다. 바다와 인접한 뉴저지주는 해안선이 약 209㎞에 달해 해수면 상승으로 인한 피해가 클 것으로 예상됩니다. 미국 럿거스대 연구진에 따르면 뉴저지주 케이프메이코트하우스 지역의 해수면은 산업화 이후 매년 약 2.5㎜씩 상승했습니다. 미국 동부 해안 중 해수면 상승 폭이 가장 크다고 합니다. 뉴저지주에는 홍수나 폭염, 산불과 같은 재난도 자주 발생하고 있어 학생들은 기후변화의 현실을 체감하며 살아가고 있습니다.

　뉴저지주 학교들은 2022년 가을 학기부터 개정 교육과정을 본격적으로 시작했습니다. 새로운 수업의 모습은 이전과 비슷하면서도 제법 색다릅니다. 미국 공영 라디오인 NPR에서 취재한 기사를 한번 볼까요? 기사에 나온 한 고등학교 미술 수업

캐나다 산불로 뉴욕까지 연기에 뒤덮였다. © Anthony Quintano

에서는 학생들이 타일에 가재나 블루베리 등을 그렸습니다. 기후변화로 인해 멸종 위기에 처한 생물이나, 지구온난화로 인한 농업의 변화를 표현하기 위한 작품입니다. 학생들은 그림을 그리기에 앞서 몇 주간 이를 조사하고 무엇을 그릴지 선택했다고 해요.

한 초등학교는 산불로 인한 대기 악화가 신체에 미치는 영향을 이해하기 위해 체육 시간에 달리기 게임을 했습니다. 체육관에서 공기가 좋은 구역과 보통인 구역, 나쁜 구역 등을 나누고 해당 구역에 있는 목표물까지 뛰어가는 거죠. 공기가 나쁜 구역일수록 출발점에서 거리가 멀게 설정했습니다. 체육관 안의 공기에는 차이가 없긴 하지만, 학생들은 먼 거리를 달릴수록 숨이 차오르는 걸 느끼면서 대기 질이 나쁜 상태를 간접적으로 체험했습니다.

이 수업은 2023년 봄부터 가을까지 캐나다에서 발생한 큰 산불을 계기로 진행됐다고 합니다. 기후변화가 심각해지면서 캐나다에는 매년 더 큰 산불이 발생하고 있어요. 2023년의 산불은 워낙 피해가 크다 보니 연기가 뉴저지주까지 날아왔습니다. 산불이 일어난 캐나다 앨버타주와 뉴저지주 사이의 거리가 4,000㎞가 넘는데도 말이죠. 학생들은 오염된 공기를 직접 마신 건 아니지만, 이 수업으로 기후 위기를 몸소 체험한 겁니다.

그런데 수업을 들은 학생들의 반응이 흥미롭습니다. 뛰어다니다 보니 오히려 기후변화에 대한 두려움과 스트레스가 해소됐다는 겁니다. 이처럼 일상과 기후변화를 접목한 교육을 통해 학생들은 위기를 헤쳐 나갈 힘을 얻고 있다고 합니다.

청소년들은 환경 공동체를 만들어 기후변화에 대한 걱정을 공유하고, 교내 기후 행동 계획을 수립해 통학 버스를 전기 버스로 바꾸는 일을 추진하기도 했어요. 기후 교육을 통해 기후 시민으로 성장하고 있는 겁니다. 코네티컷주, 캘리포니아주 등 미국의 다른 지역에서도 이 같은 기후변화 교육 도입을 준비 중이라고 하네요.

뉴저지주 학교의 수업은 우리나라와 사뭇 달라 보입니다. 우리 학교에서는 여전히 대학 입시를 중점에 둔 수업이 주된 교육이니까요. 기후와 환경 이야기를 본격적으로 할 수 있는 수업은 아무래도 환경 교과뿐이지요.

다행인 건 환경 과목을 선택하는 학교가 매년 늘어나고 있다는 겁니다. 교육부에 따르면 2019년에 전국 중·고등학교 5,596곳 가운데 환경 과목을 가르치는 학교는 312곳으로 단 5.5%

에 불과했어요. 그런데 2022년에는 전국 5,631개 중·고교 중 15.5%에 달하는 875개 학교에서 환경 과목을 가르치게 됐다고 합니다. 이들 학교에 다니는 모든 학생이 환경 수업을 듣는 건 아니지만, 적어도 선택권은 생긴 겁니다.

하지만 환경 교육을 담당하는 교사의 수는 49명뿐입니다. 800개가 넘는 학교에서 환경 과목을 선택했는데, 교사 수는 그 반의 반도 안 되는 거죠. 더욱이 환경 교사의 약 절반은 기간제 선생님이라고 합니다. 이것만 봐도 우리 사회에서 환경 교육의 중요성이 낮다는 걸 짐작할 수 있습니다. 2025년부터는 고등학교 과정에 '기후변화와 지속 가능한 세계'라는 융합 선택 과목이 추가됩니다. 이를 통해 더 많은 학생이 기후 교육을 받을 수 있게 되길 기대합니다.

기후 위기의 시대를 살아갈 우리에게는 단편적인 교과목보다는 뉴저지주와 같은 통합 교육이 중요할 것 같습니다. 기후 변화로 인해 바뀌는 자연환경과 사회구조, 경제와 산업 등 여러 가지 영향을 이해하고 적응해야 하니까요. 새로운 교육의 필요성이 커지면서 우리나라 정부도 실험을 시작했습니다. 통합적인 기후 위기 교육과정을 실천하는 '탄소 중립 중점 학교'를 매년 지정하고 있거든요. 이 학교 학생들 역시 미술 시간에

생태 벽화를 그리거나, 체육 시간에 플로깅을 하며 체험 학습을 하고 있다고 하네요. 머지않아 더 많은 학생이 학교에서 자연스럽게 기후변화를 배우는 날이 오길 바랍니다.

지구 보험금은 누가 내야 할까요?

'손실과 피해 기금' 약정액 기대에 못 미쳐

끝없는 가뭄으로 농작물이 말라 죽고, 느닷없는 집중호우로 집이
떠내려가기도 합니다. 기후변화로 지구의 모든 지역이 크고 작은 피해를
보고 있습니다.

유엔 차원에서 기후변화로 개발도상국이 입은 손실과 피해에 대응하기
위한 '손실과 피해 기금'을 모으기로 합의했지만, 선진국이 내기로 한
금액은 미미합니다. 기후행동네트워크 인터내셔널에 따르면, 2023년
12월 현재 약정 금액은 필요한 금액의 0.2%에 불과합니다. 특히 탄소
누적 배출 1위인 미국은 고작 232억 원을 내기로 했습니다.

우리가 사고를 당하거나 다치면 보험사에서 보험금이 나오
죠. 물론 보험에 가입한 상태여야 하겠지만요. 이상기후로 인
한 재난, 동식물의 멸종, 이전엔 없었던 전염병의 유행 등을
볼 때 지구가 이곳저곳을 많이 다쳤다고 진단하는 게 맞을 겁
니다.

지금 지구는 집중 치료가 필요한 상태입니다. 그러기 위해

선 막대한 돈이 필요하지요. 누가 얼마큼 다치게 했는지 꼼꼼하게 따져야 지구도 보험금을 제대로 받을 수 있을 겁니다. 어느 나라도 지구를 다치게 한 책임에서 자유로울 수는 없지만 나라마다 책임의 크기는 다릅니다.

모래성 게임을 해 본 적 있나요? 모래를 잔뜩 쌓은 다음 그 위에 깃발을 꽂고 각자 모래를 가져가다가 깃발을 쓰러뜨린 사람이 지는 게임이죠. 이 게임은 먼저 모래를 가져가는 사람한테 유리합니다. 욕심껏 모래를 가져가도 깃발이 쓰러지지 않으니까요. 마지막 사람은 손가락으로 모래를 살살 긁어서 가져가도 자칫하다간 깃발을 쓰러뜨리게 되죠.

지구의 자원을 모래성이라고 생각해 봅시다. 물, 석탄, 석유 등 지구가 가진 것들도 전부 한정된 자원이에요. 선진국들은 일찍 산업화를 이루는 과정에서 이런 자원을 많이 썼습니다. 그러면서 탄소도 많이 배출했죠. 지구 대기에 배출된 이산화탄소는 산업화 이후부터 급격히 증가하기 시작했으니, 선진국의 탓이 크겠죠. 그래서 지구를 본래대로 되돌리기 위한 보험료도 선진국에 청구해야 한다는 결론이 나오게 됩니다.

개발도상국은 기후변화로 인한 피해를 선진국보다 더 심하게 겪고 있습니다. 기반 시설이 잘 마련돼 있지 않은 데다가 자연재해에 매우 취약한 지역이 많기 때문이죠. 거기다가 선진국보다 늦게 발전을 시작했는데, 선진국이 했던 것처럼 마음대로 석탄을 태우고 석유를 쓰면서 성장할 수는 없습니다. 지구온난화가 심각한 수준에 이르렀기에 재생에너지 활용이나 온실가스 감축 노력을 함께 하면서 발전을 도모해야 하는 상황이죠. 여러모로 선진국이 내는 지구 보험금 수령이 절박한 상황임은 틀림없습니다.

1992년에 열린 유엔환경개발회의에서 최초로 **유엔기후변화협약**이 채택되었어요. 그 뒤로 이 협약에 가입한 국가들이 당사국총회를 열고 있습니다. 유엔기후변화협약 당사국총회는 기후 대응 전략과 방향을 설정하는 중요한 회의입니다.

여러 차례 당사국총회에서 선진국이 산업혁명 이후 200년 가까이 화석연료를 소비하고 온실가스를 내뿜으며 지구온난화를 일으킨 책임이 있다는 주장이 제기됐습니다. 그에 걸맞은 선진국의 행동과 기금 참여도 요구했죠. 선진국은 기후변화 대응을 위한 기금을 내는 데 동의했지만, 그것이 '잘못'에 대해 '책임'을 지는 행동은 아니라고 주장했습니다. 어디까지나 '지원'이라는 거죠. 잘못을 인정하는 순간 개발도상국의 요구에 맞는 규모의 배상을 해 주어야 한다는 부담과 법적인 책임

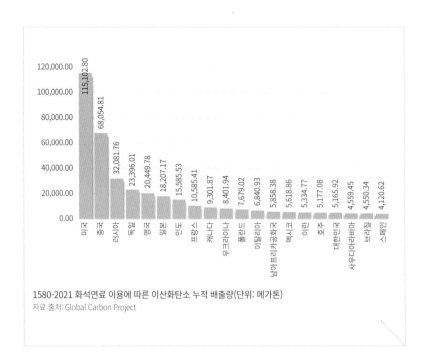

1580-2021 화석연료 이용에 따른 이산화탄소 누적 배출량(단위: 메가톤)
자료 출처: Global Carbon Project

까지 생기니까요.

현재 유엔 차원에서 여러 가지 **기후변화 대응 기금**을 운용하고 있습니다. 지구환경기금, 녹색기후기금, 적응기금, 최빈국기금, 특별기후변화기금, 손실과 피해 기금까지 총 6가지입니다. 대부분 선진국이 돈을 내고 개발도상국이 지원받는 방식입니다.

기사에 나온 **손실과 피해 기금**은 2022년에 열린 제27차 당사국총회에서 의제로 채택되었고, 2023년 제28차 당사국총회에서 최종 합의되었습니다. 기후변화에 취약한 국가를 대상으로 손실과 피해 복구를 위한 별도의 기금을 마련하기로 한 거예요. 손실과 피해라는 기금 이름을 보면, 기후변화의 책임이 선진국에 있으며 피해 보상을 위한 구체적 보상을 해야 한다는 것이 공식 인정된 것처럼 보입니다. 하지만 선진국은 이 합의안에 책임을 의미하는 '보상'이나 '배상' 대신에 '지원'이라는 용어를 사용하자고 끝까지 주장했습니다.

덴마크가 2023년 9월에 최초로 이 기금에 1,300만 달러(약 169억 원)를 내놓겠다고 밝혔고, 독일을 필두로 한 G7도 2억 달러(2,600억 원)를 약속했죠. 유럽연합도 상당한 액수를 내놓겠다고 했어요.

유엔환경계획에서 작성한 '2023 기후 적응 격차 보고서'에 따르면 개발도상국의 피해 복구 및 대책 마련을 위해 필요한 자금은 연간 최대 3,870억 달러(약 503조 원)입니다. 필요한 돈의 규모에 비하면 모인 금액은 많지 않아요. 기금에 대한 합의가 미뤄지고 있기 때문입니다. 합의가 쉽지 않은 이유는 간단해요. 돈을 내는 국가와 받는 국가가 다르기 때문이에요. 이 기금을 받을 개발도상국들은 최대한 보상을 많이 받고 싶고, 반면에 선진국들은 최대한 부담을 줄이고 싶죠.

선진국들은 새롭게 떠오른 경제 대국 중국에 분담을 요구하고 있습니다. 세계의 공장이라고 불리는 중국이 그만큼 온실가스를 많이 배출했으니 기금에 돈을 내야 한다는 주장입니다. 하지만 중국은 선진국들의 요구를 받아들이지 않고 있습니다. 중국은 선진국이 아니라 개발도상국이라는 거죠.

케임브리지대학교 지속 가능한 리더십연구소의 연구 결과에 따르면, 선진국들이 개발도상국 한 곳에 1,000만 달러(약 129억 원)를 지원하면, 이를 받는 나라는 2~3억 달러(약 2,600~3,890억 원) 수준의 효과를 볼 수 있다고 해요. 지원 규모에 비해 얻는 효과가 꽤 큽니다. 먼저 산업화를 이룬 선진국이 개발도상국에 똑같은 수준의 탄소 중립을 요구하는 것은 사다리 걷어차기라는 비판이 있습니다. 선진국은 지갑을 열어야 이런 비판을 피할 수 있을 겁니다.

기후 기금은 기후변화의 피해자인 개발도상국에 전달하는 위로금이 아닙니다. 지속 가능한 발전을 향해 동일한 출발선에서 시작하자는 것이 기후 기금의 운영 목적에 더 가깝습니다. 선진국이 지구의 보험금을 내기 위해 지갑을 얼마나 활짝 열지 함께 지켜봐 주시길 바랍니다.

세계 곳곳 법원의 기후 소송 판결

미국 청소년들 몬태나주 정부 상대로 한 소송에서 승리

2023년 8월, 미국 몬태나주 법원이 청소년들의 손을 들어 주었습니다. 청소년들은 몬태나주 헌법에 "주와 개인은 미래 세대를 위해 몬태나의 깨끗하고 건강한 환경을 유지·개선해야 한다."라고 보장돼 있으나 주 정부가 이를 지키는 데 실패했다며 소송을 제기했습니다.

주 정부는 터무니없는 판결이라며 항소할 계획이라고 밝혔습니다. 미국 언론은 이번 판결은 청소년들의 '역사적 승리'이며 다른 소송 결과에도 영향을 미칠 것으로 전망했습니다.

시민들이 "기후 위기 대응을 제대로 하라."라고 말하기 위해 법원까지 찾는 이유가 뭘까요? 기자회견을 하고, 토론회를 열고, 시위를 해도 바뀌지 않는 정부와 기업의 태도에 마지막 수단으로 법에 호소하려는 시도입니다.

법원에서 변화가 싹트기 시작한 건 2015년 네덜란드예요. 환경 단체인 우르헨다재단과 886명의 시민이 2013년에 냈던 기후 소송에 대해 2015년에 지방법원이 "정부가 기후변화 대응을 하지 않으면 법적 책임을 져야 한다."라고 판결했어요.

당시 네덜란드 정부는 2020년까지 1990년 대비 온실가스 배출량을 17% 줄이겠다고 목표를 제시한 상황이었습니다. 소송을 제기한 우르헨다재단은 정부의 목표가 지구 온도 상승을 2도 이내로 제한하는 데는 부족하고, 온실가스 감축을 천천히 할수록, 누적되는 온실가스 배출량이 늘어나서 기후변화의 위험을 더 크게 만들고 있다고 주장했어요.

법원은 정부가 "기후변화가 네덜란드만 온실가스를 줄인다고 해서 해결될 문제가 아니라는 주장 뒤로 숨어서는 안 된다."라며, 네덜란드 정부에 온실가스를 1990년 대비 25% 이상 감축하라고 명령을 내렸어요. 이 판결은 2019년에 네덜란드 대법원에서 확정됐습니다.

변화가 유럽에서만 있었던 건 아닙니다. 2015년에 파키스탄 고등법원도 정부가 기후변화 정책을 이행하지 않는 게 국민의 기본권을 침해한다고 판단했습니다. 농부인 아쉬가르 레가리가 정부를 상대로 제기한 소송에 대한 판결이었죠. 이 농부는 정부가 발표한 기후변화 대응 정책을 제대로 추진하지 않아서 파키스탄의 물, 식량, 에너지 안보에 큰 문제가 생겼다고 했어요. 그의 생명권도 침해됐다고 주장했지요.

파키스탄 법원은 정부가 기후변화 정책과 실천에 옮길 수 있는 틀은 만들었지만, 실질적인 진전은 없었다고 봤어요. 법원은 정부에 책임자를 지정해서 정책을 실천하도록 하고, 기후변화 위원회를 만들어서 진척 상황을 모니터하라고 했습니다. 2018년에는 이 위원회를 해산하고, 법원이 직접 나서서 행정부의 기후 행동을 점검하기 위한 상임위원회를 만들었어요. 이 위원회에는 전문가와 정부 관계자, 환경 운동가가 참여했어요.

2018년에 네팔 대법원은 새로운 기후변화법을 제정하라고 정부에 명령했어요. 소송을 제기한 쪽에서는 당시 네팔 환경 보호법에 기후변화 적응 등에 대한 규정이 없으며, 네팔 정부가 기후변화 대응에 실패했다고 했어요. 사람과 생태계가 기후변화의 심각한 영향을 경험한 원인 가운데 하나가 법 규정의 미비라는 거였죠. 법원이 이 주장을 받아들여 새 법을 만들라고 명령을 내린 겁니다.

2021년 4월, 독일 연방헌법재판소는 독일 연방기후보호법에 대해 헌법 불합치 결정을 내렸습니다. 이 법에는 온실가스 배출량을 2030년까지 1990년 대비 55%를 감축한다고 되어 있어요. 연방헌법재판소는 이 목표가 2050년에 탄소 중립을 달성하는 데 충분하지 않으므로 2030년 이후에 더 급격하게 온실가스 배출을 줄여야 한다고 판단했어요. 그러면서 이게 "미래 세대의 기본권을 침해한다."라고 했어요. 그 이유가 뭘까요?

탄소 예산이라는 게 있어요. 이게 뭐냐 하면, 지구 평균기온 상승을 특정 온도 이내로 제한하기 위해 배출할 수 있는 온실가스 총량을 말합니다. 예를 들어, 평균기온 상승을 1.5℃로 제한하려면 탄소 배출량이 5,000억 톤을 넘으면 안 된다는 식으로 말하죠.

"기후 정의를 위해 싸우자." 기후변화는 세대 간 정의의 문제이기도 하다. '미래를 위한 금요일' 시위에 참가한 청소년들. © Stefan Müller

만약 지금 세대가 탄소 예산을 많이 써 버리면, 미래 세대는 쓸 탄소 예산이 별로 없겠죠. 온실가스 감축 부담이 미래 세대로 넘어가는 셈입니다. 온실가스 감축 부담이 커지면 그만큼 생활에 여러 가지 제약이 생깁니다. 이런 까닭으로 독일 연방 헌법재판소가 독일의 기존 온실가스 감축 정책이 미래 세대의 자유를 심각하게 해친다고 본 겁니다.

우리나라는 어떨까요? 대통령 직속 탄소중립녹색성장위원회 사이트에 가면, 우리나라 온실가스 감축 목표는 2030년까지 2018년 대비 40%입니다. '기후위기 대응을 위한 탄소중립·녹색성장 기본법(약칭: 탄소중립기본법)'에 바탕을 둔 거죠. 이 목표가 너무 낮아서 세대 간 평등할 권리(평등권), 깨끗한 환경에 살아갈 권리(환경권), 안전한 세상에 살 권리(생명권) 등을 침해한다고 주장하는 5건의 **기후 소송**이 헌법재판소에 제기됐습니다.

그 가운데 하나인 '아기 기후 소송'은 6~10세 어린이 22명, 5세 이하 어린이 39명, 그리고 20주차 태아 1명까지, 총 62명이 청구인으로 참가했어요. 소송단은 40% 감축 목표가 1950년에 태어난 어른에게 2017년에 태어난 어린이보다 8배나 많은 탄소 배출을 허용하는 정책이라고 주장했어요. 국가인권위원회도 온실가스 감축 목표가 너무 낮고, 미래 세대에게 과도하게 부담을 전가하므로 위헌이라는 의견서를 헌법재판소에 내기도 했습니다.

헌법재판소는 2024년 8월에 탄소중립기본법이 2031년에서 2049년까지의 온실가스 감축 목표 기준을 제시하지 않은 점이 "기후 위기라는 위험 상황에 상응하는 최소한의 보호를 하지 못했다."라며 헌법 불합치 결정을 내렸습니다. 2030년 목표도 위헌이라는 의견이 헌법재판관 9명 중 5명으로 더 많았지만, 헌법 불합치 판결은 재판관 6인의 동의가 필요해 기각됐습니다.

이제 공은 국회로 넘어갔습니다. 헌법은 "모든 국민은 인간다운 생활을 할 권리를 가지고, 국가는 재해를 예방하고 그 위험으로부터 국민을 보호하기 위해 노력해야 한다."라고 정하고 있습니다. 또 "모든 국민은 건강하고 쾌적한 환경에서 생활할 권리를 가진다."라고도 하고 있어요. 국회는 2026년 2월 말까지 탄소중립기본법을 헌법에 맞도록 개정해야 합니다. 국회가 세계의 변화에 발맞춰, 우리의 생명과 안전, 세대 간 평등을 보장할 수 있는 법 개정을 해 주길 바랍니다.

기후 시위 어떻게 볼 것인가

독일 경찰, 시위에 나선 환경 운동가들 체포

독일의 상징과도 같은 브란덴부르크 문, 얼마 전 이 거대한 문기둥이
주황빛 스프레이로 물들었습니다. 상징 같은 문화재에 스프레이를
칠한 범인은 '마지막 세대'라는 기후 활동가들이었습니다. 경찰은
재물손괴죄 혐의 등으로 활동가들을 체포했습니다.

활동가들은 왜 이런 행동을 했을까요? 한 나라를 상징하는
건축물에 주황색 페인트를 칠하는 행동으로 독일 정부에 경고
한 겁니다. 독일 정부는 2021년과 2022년 온실가스 감축 목표
를 달성하지 못했어요. 활동가들은 늦어도 2030년까지 화석연
료 사용을 중단하라고 말했어요.

이와 비슷한 기후 시위는 또 있습니다. 빈센트 반 고흐의 작
품 '해바라기'에 토마토수프를 뿌리고, 클로드 모네의 작품 '건
초 더미'에 으깬 감자를 던진 시위도 있었죠. 토마토수프와 으
깬 감자가 작품에 직접 닿은 건 아닙니다. 유리가 작품을 보호

하고 있었으니까요.

토마토수프를 뿌린 이들은 JUST STOP OIL이라는 영국 환경 단체 활동가들입니다. 이들은 런던 중심부 트래펄가광장 인근 길을 가로막고 매일 행진하기도 했습니다. 그들은 영국 정부에 "신규 석유, 천연가스 탐사를 위한 모든 사업 허가를 멈추라."라고 요구했어요.

80대인 미국 원로 배우 제인 폰다도 2019년에 '금요일의 소방 훈련(Fire Drill Fridays)'이라는 시위를 이끌다가 여러 차례 체포되었어요. 시위 때마다 빨간 코트를 입는데, 지금도 지구가 뜨거워지고 있으니, 집에 불이 났을 때처럼 시급히 행동에 나서야 한다는 의미라고 합니다. 암 투병으로 잠시 멈추었던 폰다는 2022년 말 "암도 무섭지만 기후 위기도 무섭다."라고 말하며 시위를 재개했습니다.

2019년 말 TED와의 인터뷰에서 제인 폰다는 이렇게 말했어요. "과학자들은 우리가 기후 위기에 대응할 시간, 기술, 도구를 가지고 있다고 말한다. 엄청난 도전에 맞서기 위한 정치적 의지만 빼고 필요한 것을 모두 갖춘 것이다. 60년대 미국의 시민 평등권 운동, 인도의 마하트마 간디처럼 시민 불복종은 역사를 바꿀 수 있는 강력한 도구다."

기후 활동가들은 이런 행동을 **시민 불복종 직접 행동**이라고 부릅니다. 경찰에 체포될 때는 폭력을 행사하지 않고, '가만히' 끌려 나갑니다. 행동의 목표는 관심을 끌고 발언할 기회를 얻는 것입니다. 미술관 명화 액자에 손을 붙이는 것도 체포되기 전에 말할 시간을 벌려는 거죠. 우리도 활동가들이 체포되면서 했던 말을 들어 볼까요.

"우리는 (기후 위기를 더 심각하게 만드는) '학살자' 정부로부터 우리와 우리 아이들의 미래를 지키려고 하는 것일 뿐이다. 그들

유네스코 세계유산인 스톤헨지에 오렌지색 페인트를 뿌리는 Just Stop Oil 활동가들. 이 단체는 페인트를 옥수수 가루로 만들어 비에 쉽게 씻긴다고 주장했다. © Just Stop Oil

이 진짜 범죄자인데, 왜 그들은 수갑을 차지 않는가?"

"내가 감옥에 갈 것을 잘 알지만, 시민 불복종으로서 이 싸움을 계속할 수밖에 없다. 나 개인에게 일어날 일이 뭔지는 중요하지 않다. 그들이 나한테 할 수 있는 모든 일보다 기후 위기가 더 심각한 문제이기 때문이다."

우리나라에서도 시민 불복종 직접 행동이 종종 일어납니다. 청년기후긴급행동 활동가들은 2021년 2월 분당 두산타워 건물 앞 'DOOSAN' 로고 조형물에 녹색 스프레이를 뿌렸어요. 두산중공업(현 두산에너빌리티)이 외국 석탄 발전소 건설에 참여하는 것을 비판하는 시위였죠.

2021년 3월에는 멸종반란이라는 기후 운동 활동가들이 가덕도 신공항 특별법 통과를 주도한 더불어민주당의 당사 건물 1층을 봉쇄하고, 지붕에 올라가서 기습 시위를 했어요. 2021년 10월에는 녹색당 활동가들이 포스코 수소환원제철포럼 행사장 단상에 기습적으로 올라가 약 1분간 발언하며 적극적인 기후 위기 대응을 촉구했어요. 이 활동가들은 집회 및 시위에 관한 법률 위반, 재물손괴죄, 공동건조물침입죄, 업무방해죄 등 혐의로 재판에 넘겨졌어요.

2023년 5월, 네덜란드에서는 고속도로 차단 시위에 참가한 사람 1,500명 이상이 체포됐어요. 독일에서는 뉴스에 나온 마지막 세대 활동가들이 고속도로 바닥 등에 접착제로 손을 붙이는 방식으로 시위를 벌였다가 베를린에서만 4,000여 명이 체포됐어요. 이 단체를 상대로 독일 뮌헨 지방 검찰과 바이에른 주 경찰 170명이 압수 수색도 진행했습니다.

이들 중 일부도 우리나라 활동가들처럼 재판을 받고 있지요. 재판에서 유죄를 선고하는 것은 법원이 시민 불복종 직접 행동을 범죄로 규정한다는 의미겠지요. 그렇게 되면 아무래도 이들에 대한 사회적 신뢰도가 떨어질 수 있습니다.

일부는 유죄가 됐습니다. 하지만 모든 사건이 유죄가 된 것은 아니었어요. 대법원은 2024년 5월에 청년기후긴급행동 활동가들의 '녹색 스프레이' 행동이 재물손괴죄에 해당하지 않는다고 봤어요. 활동가들의 행동을 쉽게 '죄'로 만든다면 표현의 자유를 억누르게 될 위험이 있다는 이유였어요. 두산에너빌리티가 냈던 민사소송도 손해를 증명하지 못해서 기각됐습니다.

그레타 툰베리의 '결석 시위'로 시작된 '미래를 위한 금요일' 독일 지부의 루이스 노이바우어는 독일 정치인들의 거친 언어가 활동가들에 대한 혐오를 부추기고 있다고 지적합니다. 정치인들이 활동가들을 '테러 단체'에 비유를 하기도 하고, '나치'

를 연상시키는 말까지 했다고 해요.

기후 시위의 사회적 신뢰도를 훼손하려는 시도가 성공한 걸까요? 사회적 결속력을 목표로 활동하는 독일 비영리 단체인 More in Common이 2023년 5월에 낸 연구 결과를 보면, 2021년과 비교해 기후 운동에 대한 지지율이 68%에서 34%로 줄었어요. 기후 활동가들이 '사회 전체의 복지'에 초점을 맞추고 있다는 주장에 대한 동의율도 60%에서 25%로 떨어졌다고 해요. 길을 막아서거나, 그림에 손을 붙이는 방식으로 기후 시위를 하는 것에 대해서는 응답자 85%가 '지나치다'고 답했다고 하네요. 이 시위 방식을 이해한다고 답한 시민은 8%에 불과했습니다.

한편, 시민 불복종의 대표 주자였던 영국 기반 기후 운동 단체 멸종반란은 2022년 말 '창문을 부수고, 공공장소에 접착제로 손을 붙이는' 등의 행동 방식을 바꾸겠다고 밝혔습니다. 전술 변화가 필요하다고 본 겁니다.

여러분의 생각은 어떠신가요? 시민 불복종 직접 행동은 정당한 행동일까요, 아니면 그저 일부 '극단적인 사람들의 범죄'에 불과할까요?

1장 기후변화가 일으킨 변화

 NEWS 01_Compounding Disasters

 NEWS 02_The Coolest Library on Earth

 NEWS 03_산꼭대기로 내쫓긴 빙하기 꼬마 나무 더는 갈 곳이 없다

 NEWS 04_2023년 1월 19일, KBS, 최초 공개! '습지 소멸 지도'…2100년 '10개 중 8개' 소멸

 NEWS 05_Extreme California heat knocks key Twitter data center offline

2장 달라지는 우리 생활

 NEWS 06_Singapore Supermarkets Start Charging for Plastic Bags

 NEWS 07_Trial of Any Wear, Anywhere Clothing Share Service for Overseas Visitors

 NEWS 08_Climate change leads to growing risk of mosquito-borne viral diseases, EU agency says

 NEWS 09_기후위기에 문화·자연유산 보호한 다…중점관리 대상 100선 선정

 NEWS 10_환경 오염: 화상 회의할 때 카메라를 꺼야 하는 이유

3장 쓰레기

 NEWS 11_Millions of pounds of plastic are polluting the Great Lakes. Some students are working to clean it up.

 NEWS 12_김형만 해양배출협회 회장 인터뷰

 NEWS 13_The Hidden Carbon Footprint of the Fashion Industry

 NEWS 14_Zimbabwe sees recycling boom as waste picking becomes lucrative business

 NEWS 15_His Recycling Symbol Is Everywhere. The E.P.A. Says It Shouldn't Be.

4장 탄소 + 기술

 NEWS 16_German supermarket trials charging true climate cost of foods

 NEWS 17_He Pioneered Carbon Offsets to Save Tropical Forests. Now the Market Is Collapsing.

NEWS 18_탄소세 대응 위해 '돛단배' 개발하는 해운업계

 NEWS 19_Kodama Systems Raises $6.6M Series Seed to Accelerate Forest Restoration and Carbon Storage

 NEWS 20_ "폴리실리콘 보다 '텐덤' 셀" … 한화 큐셀 '태양광 신소재 개발' 눈길

5장 산업의 변화

 NEWS 21_California Senate passes climate bill, governor must decide by Oct 14

 NEWS 22_탄소중립에 밀려날 '석탄발전' 노동자들, "정의로운 전환" 소송

 NEWS 23_What it would take to make steelmaking greener

 NEWS 24_태양광이 석유 추월…올해 '저탄소 투자' 이정표 세운다

 NEWS 25_10명 중 7명 모르는 원가연계형 전기요금체계 개편

 NEWS 26_AI는 전기 먹는 하마…기후위기 해결사인가, 걸림돌인가

6장 시민행동_실천과 정치

 NEWS 27_As East Harlem Waits for Infrastructure Projects to Mitigate Flood Risk, Residents Are Creating Their Own Solutions

 NEWS 28_A Pennsylvania Community Wins a Reprieve on Toxic Fracking Wastewater

 NEWS 29_In one state, every class teaches climate change — even PE

 NEWS 30_Climate change: Which countries will foot the bill?

 NEWS 31_Judge Rules in Favor of Montana Youths in a Landmark Climate Case

 NEWS 32_Threats to Germany' s climate campaigners fuelled by politicians' rhetoric, says activist

뉴스로 키우는 기후 환경 지능

초판 1쇄 발행 2025년 1월 17일

지은이 그린펜(강한들, 김현종, 박유빈, 변상근, 신혜정, 양진영, 조수빈, 주소현, 최우리, 황덕현)

디자인 이아진

펴낸이 이선아 신동경

펴낸곳 판퍼블리싱

출판등록 2022년 9월 21일 제2022-000007호

주소 서울시 마포구 연남로3길 73-6 2층

이메일 panpublishing@naver.com

팩스 0504-439-1681

ⓒ 강한들, 김현종, 박유빈, 변상근, 신혜정, 양진영, 조수빈, 주소현, 최우리, 황덕현, 2025

ISBN 979-11-988986-7-8 44450
　　　979-11-983600-1-4(세트)